DAS GEHEIMNIS DER KÖRPERLOSEN FÜSSE

PHARMAC
TAKE 1-2 TABLETS BY
EVERY 4-6 HOURS AS
NEEDED
6'5"

ERIKA ENGELHAUPT

DAS GEHEIMNIS DER KÖRPERLOSEN FÜSSE

GESCHICHTEN VON DER DUNKLEN SEITE DER WISSENSCHAFT

GRAFIKEN VON
BRIONY MORROW-CRIBBS

NATIONAL GEOGRAPHIC

Für Gay, Darell und Jay

Inhalt

Einleitung

Meine Familie lebte, bis ich sieben war, in den sanften Hügeln am Rande von Kansas City in Missouri. Unsere kleine weiße Stuckvilla thronte auf einem runden Gipfel, zu dem sich eine lange Auffahrt in Kurven hinaufschlängelte. Jeden Nachmittag setzte mich der Schulbus unten ab, wo schon meine Mutter mit unserem großen schwarzen Deutschen Schäferhund wartete.

Eines Tages zierte die Zufahrt etwas Neues: zwei Berge. (Nun, eigentlich eher Hügel, aber bedenken Sie, ich war noch klein.) Sie bestanden aus Müll. Ein Lastwagen hatte seine lästige Fracht einfach auf dem nächstbesten Stück Land abgekippt. Als meine Mutter und ich uns näherten, erkannten wir in den Haufen einzelne Gegenstände. Da lagen Aktenschränke und Kartons voller Papier. Meine Mutter zog einen dunklen Bogen heraus und hielt ihn gegen das Licht. Es war eine Röntgenaufnahme von Zähnen. Uns wurde klar, dass an unserer Zufahrt die Überreste einer geschlossenen Zahnarztpraxis entsorgt worden waren.

In den Haufen lag zwar auch Spielzeug aus dem Wartezimmer, doch das Schmuckkästchen, das ich ausgrub, war interessanter. Es enthielt eine Silberkette mit winzigen jadegrünen Vögeln. Doch dann stieß ich auf das Beste: Gipsabdrücke von Patientenzähnen. Sofort sortierte ich die krassesten Fundstücke für mich heraus: Zähne mit Absplitterungen, Zähne, die wie lose Zaunlatten herauskippten, Gebisse mit Zahnlücken – je hässlicher, desto besser.

Meine Eltern ärgerte der Müll vor unserer Haustür. Ein Onkel verteilte und bedeckte ihn schließlich mit einem Bagger und schuf so unsere eigene Minideponie. Aber einige meiner schönsten Funde behielt ich. Bestimmt war ich das einzige Mädchen in dieser Ecke Missouris, das nicht nur eine eigene Spielhütte hatte, sondern darin Fensterbretter voller Gebissruinen. Gelegentlich arrangierte ich sie neu und fand immer andere und grässlichere Kombinationen von Ober- und Unterkiefern. An windigen Sommerabenden lag ich bei offenem Fenster auf meinem Lager und erfreute mich an den im Mondlicht grinsenden Lückengebissen.

Wären meine Eltern über meine Sammlung – oder später über mein anhaltendes Interesse für blutige Tierdokumentarfilme und Romane von Stephen King – entsetzt gewesen, hätte ich mich vermutlich anders entwickelt. Statt über eklige Dinge zu schreiben, wäre ich vielleicht Buchhalterin geworden oder jemand, dem beim Anblick von Blut schlecht wird.

Doch dieses Schicksal blieb mir erspart. Einige Jahre später zog meine Familie auf ein 30 Hektar großes Stück Sumpfland in Florida. Mein Vater, ein Ingenieur, baute sich neben unserem Wohnwagen ein elektrochemisches Labor aus Schlackebeton. Darin versuchte er, mir einige grundlegende wissenschaftliche Prinzipien zu vermitteln. Ich verstand nicht viel, war aber fasziniert davon, dass er am einen Tag einen Penny in einen Behälter mit Flüssigkeit legen und ihn am nächsten Tag mit einem glänzenden Nickelüberzug wieder herausnehmen konnte. Immerhin lernte ich dabei, dass es möglich ist herauszufinden, wie genau etwas funktioniert– und das mithilfe der Wissenschaft.

Ich überspringe mal die nächsten 30 Jahre. Nach einem Forschungsjahrzehnt (ich stapfte unter anderem durch Sümpfe und untersuchte Kohlenstoffverbindungen …) wurde ich in Washington, D. C., Redakteurin des Magazins *Science News*. Als sich die Gelegenheit zu einem eigenen Blog bot, wusste ich, das war mein Ding. Ich musste nur einen Blick in mein Bücherregal im Büro werfen, in dem Titel wie *Blutbeute*, *Der Wandermörder* und *Abscheulichkeiten* standen, und schon war das Konzept fertig. Obwohl ich nie gedacht hätte, dass ich an makabren Dingen besonders interessiert wäre, konnte ich nicht leugnen, dass ich schon immer eine morbide Neugier hatte. So entstand mein Blog *Gory Details* (was sich ja bekanntlich mit *Eklige Details* übersetzen lässt). Die Jahre seither[1] waren ein einziges Abenteuer, denn ich schrieb über Themen, die ich ohne Vorwarnung niemandem erzählt hätte. Eine Zeitlang reichten mir die Kollegen gleich alle Artikel oder Forschungsarbeiten weiter, in denen es sich um Urin oder Kot drehte. (Wie mir gesagt wird, schnellen noch heute jedes Jahr zu Beginn der Badesaison die Besucherzahlen auf der Seite mit dem Artikel über Urin im Schwimmbecken in die Höhe.) Als ich später dann als Wissenschaftsredakteurin zur Website von *National Geographic* wechselte, wanderte auch mein Blog mit, und so ist es bis heute.

Einige Geschichten, die ich für die Primetime zunächst für zu bedenklich hielt, gehören inzwischen zu meinen Favoriten. Als mich zum Beispiel bei *Science News* ein Kollege fragte, ob es wahr sei, dass Haustiere manchmal ihre verstorbenen Halter fressen, wurde ich hellhörig und sah mir das genauer an; natürlich nur, um seine Neugier zu befriedigen. Da so eine Geschichte für Tierliebhaber ganz schön verstörend sein kann, war ich erst einmal skeptisch.

Wie sich herausstellte, interessierte das Thema sogar erstaunlich viele Menschen, und noch dazu gab es reichlich forensische Studien zu derartigen Vorfällen. Andere Journalisten hatten bereits darüber berichtet, also entschied ich, mich da einmal tiefer in die forensischen Zeitschriften hineinzufuchsen. Entgegen meiner Befürchtung, dass nun alle

Hundeliebhaber über mich herfallen würden, wurde der Essay in dem betreffenden Jahr einer der populärsten Artikel der gesamten *National-Geographic*-Website. Anscheinend wollen die Menschen auch die Antworten, wenn es ans Eingemachte geht.

Mein Blog sollte nicht nur meine eigene, zugegebenermaßen verschrobene Wissbegierde befriedigen, sondern vor allem ein Ort sein, wo man eklige, tabuisierte oder morbide Themen ansprechen und dann bis ins Letzte wissenschaftlich ergründen konnte.

Warum verbringe ich meine Tage damit, über Themen nachzudenken, die, vorsichtig formuliert, unerfreulich sind? Vor allem aus diesem Grund: Ich fürchte mich letztendlich weniger vor Dingen, über die ich schon einmal geschrieben habe. Sehe ich mir an, was mich verunsichert, also Themen wie Tod, Krankheit, Gruselclowns, dann hilft mir der wissenschaftliche Ansatz, damit besser umzugehen.

Vermutlich sind eigene Ängste schuld daran, dass ich meine wissenschaftlichen Artikel ausgerechnet über Mord und Todschlag schreibe. Ich vertiefe mich gern in die neusten forensischen Techniken, aber auch in althergebrachte Untersuchungsmethoden wie die Miniaturtatorte, an denen Polizisten und Forensiker geschult werden. Schließlich beende ich mit meiner Stoffauswahl kein Leben, sondern verändere das Leben der Betroffenen – wie im Fall derjenigen, die an Dermatozoenwahn leiden, an der schrecklichen Überzeugung, dass unsichtbare Insekten sie terrorisieren.

Bei meinen Stoffen geht es aber nicht immer ums große Ganze. *Gory Details* sollte ein unterhaltsamer, aber auch informativer Blog sein. Ein guter Ort eben, um auch ekligen Fragen nachzugehen, wie der nach dem schlimmsten Insektenstich oder der überraschend komplexen Wissenschaft vom Ohrenschmalz.

Für meine Essays suche ich immer Themen, die abstoßen und zugleich fesseln, etwas, bei dem ich mir am liebsten zunächst mit der Hand die Augen zuhalte, dann aber doch durch die Finger spähe. Autoren nennen das gerne »dramatische Wirkung«. Und wenn mich eine wissenschaftliche Fragestellung so richtig fesselt, weil da zusätzlich diese dramatische Spannung aufkommt, dann hält mich nichts mehr.

Dieses Buch vereint einige der faszinierendsten Geschichten aus all den Jahren, in denen ich nun schon meinen Blog schreibe. Ich habe sie erweitert und aktualisiert. Sie finden auch neue Geschichten, die ich speziell für Sie, liebe Leser, ausgraben durfte. Falls Ihnen nach einem Happen abseitiger Wissenschaft ist, tauchen Sie einfach in einen der Essays ein – je nachdem, was Ihre Fantasie anregt; jeder ist einzeln für sich lesbar. Oder Sie verschlingen gleich ein ganzes Kapitel.

Ich habe abstoßende und fesselnde Geschichten ausgewählt, die mich angesprochen haben. Jedes Kapitel behandelt ein Thema, vom Tod (»Morbide Neugier«) bis hin zu unseren tief verborgenen, dunkelsten Gedanken (»Geheimnisvoller Geist«). Auf allen diesen Gebieten erweitern Wissenschaftler die Grenzen des Wissens über Schauriges, Erschreckendes und Verbotenes und enthüllen überraschende Wahrheiten über unsere Gedanken, Körper und die Welt.

Diese Themen zeigen, dass wir uns die kindliche Neugier bewahren können. Ich weiß nicht, was aus meinen Zahnabdrücken wurde; vermutlich gingen sie bei einem Umzug verloren. Doch die Halskette mit den jadegrünen Vögeln besitze ich noch immer. Sie erinnert mich daran, dass Schätze an überraschenden Orten verborgen sein können, Orten, an denen die meisten nie suchen würden. Mich erfreut es, in der Hässlichkeit der Welt überraschend Schönes zu entdecken und im Chaos Ordnung.

Es fängt mit der Bereitschaft an, eine Frage zu stellen, die ein Stirnrunzeln auslösen könnte. Zugegeben: Manchmal sind diese Fragen unangenehm, doch die Antworten sind immer spannend. Ich hoffe, Sie fühlen sich durch dieses Buch ermutigt, seltsame Fragen zu stellen. Und ich hoffe, die Antworten machen Ihnen Appetit auf mehr.

Teil eins
MORBIDE

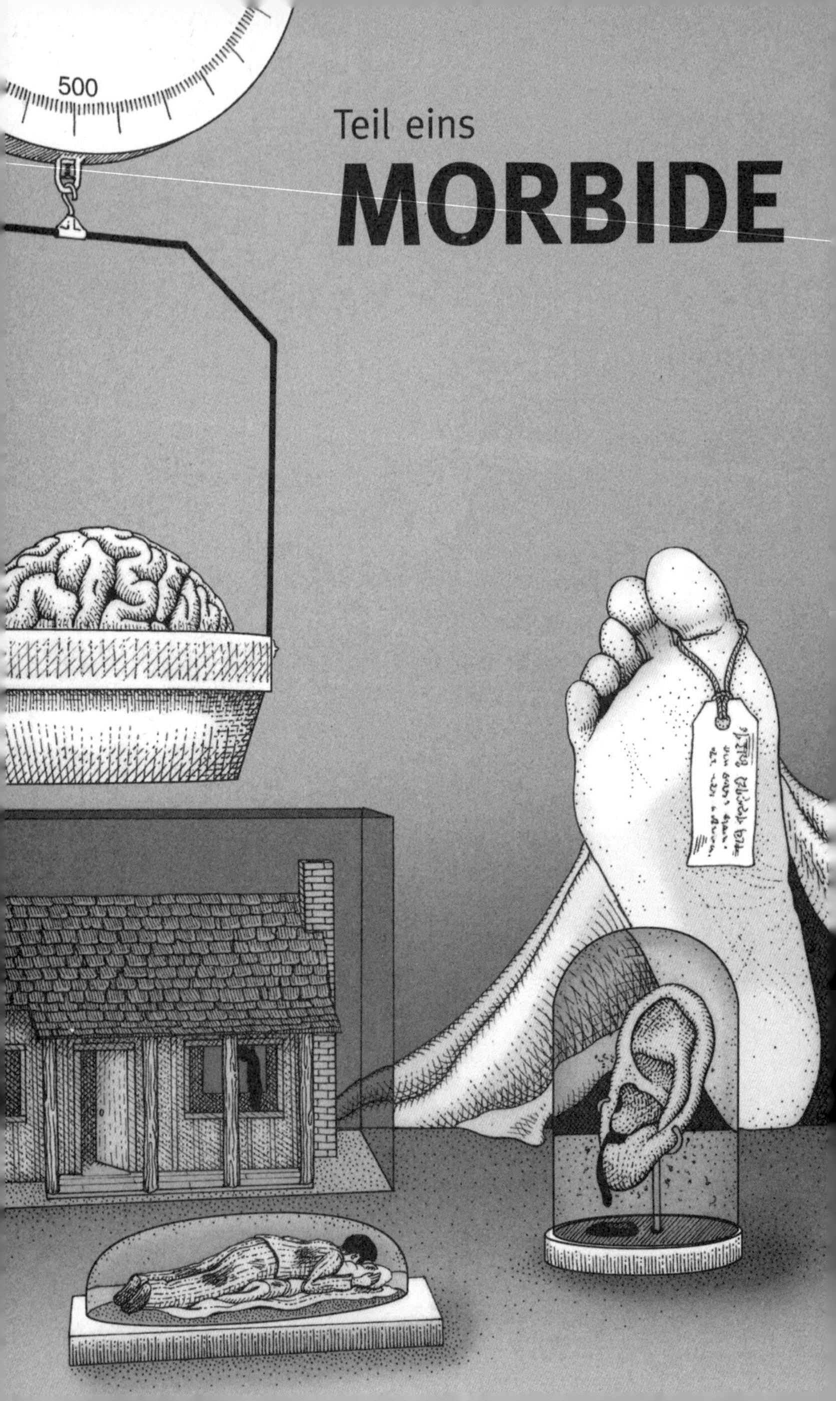

NEUGIER

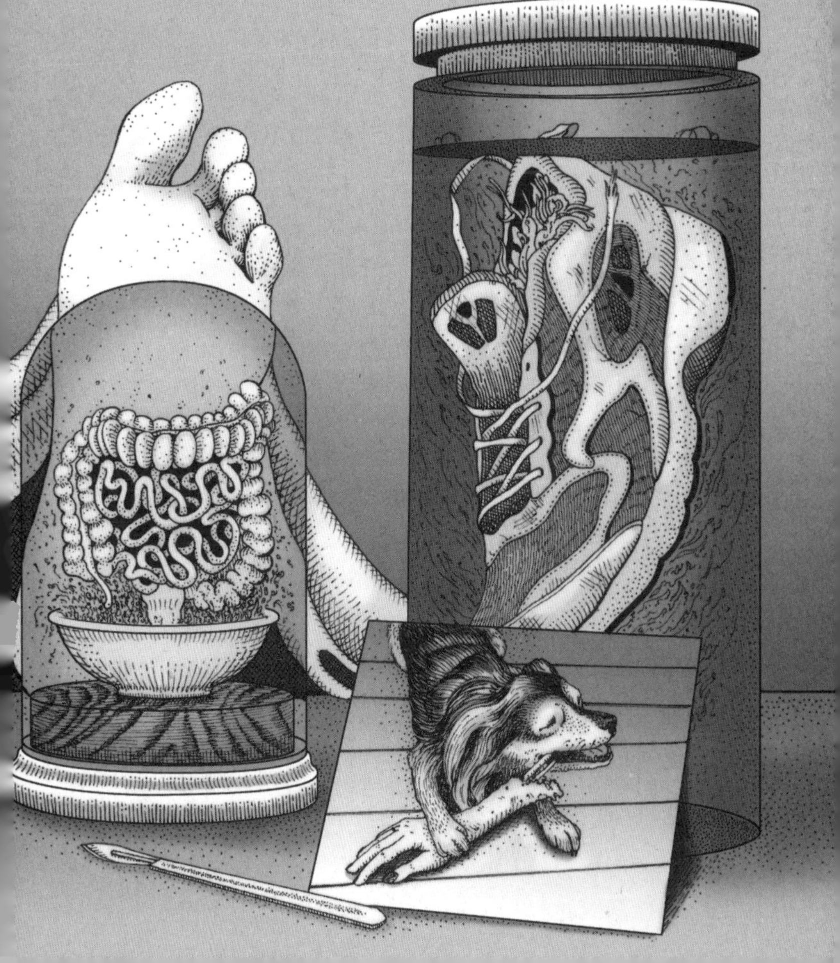

Nicht wirklich wie beim CSI

Über morbide Neugier und das Leichenschauhaus

Meine erste Autopsie verlief nicht gerade so, wie ich mir das vorgestellt hatte. Als Jugendliche dachte ich immer, die Untersuchung einer Leiche sähe so aus wie die grausigen Obduktionen in der Arzt-Krimiserie *Quincy*. (Um fair zu sein: Anfang der 1980er-Jahre waren Leichen im Fernsehen nur flüchtig zu sehen.)

Seit Jack Klugman den Rechtsmediziner Quincy spielte, der für uns Verbrechen aufklärte, ist die eine Autopsie im Fernsehen fast immer wie die andere: eine Leichenhalle im Keller, oft schlecht beleuchtet, helle Lampen nur über dem Seziertisch; eine Wand aus Kühltruhen für die Körper; eine hängende Schale, in die der Arzt die nasse, glitschige Leber wirft. Dann gibt es meist noch den Raum, in den die Familien durch ein Fenster hineinstarren, wenn der Assistent das Leichentuch vom Gesicht ihres Angehörigen zieht.

Quincy – ein streitsüchtiger, brillanter, sturer Mensch, der allein für sich auf einem Boot lebte – war das Rollenmodell par excellence für die abgedroschene Figur des kauzigen Rechtsmediziners. In den meisten Krimis umgibt die Pathologen und Forensiker seither generell etwas Verschrobenes: Sie sprechen zu den Leichen, und ihre Nüchternheit angesichts des Todes schreckt ab. (Obwohl das vermutlich mehr über das Publikum als über die Rechtsmediziner aussagt; uns ist einfach unwohl bei Menschen, denen der Tod nichts ausmacht.)

Aber ein gewisses Maß an morbider Neugier ist normal. Wir alle fürchten uns vor dem Unbekannten – und der Tod ist nun einmal der große Unbekannte. Er ist auch die letzte

Gewissheit. Ganze Kunst- und Literaturgenres widmen sich ihm, die immer wieder den Schauer suchen, ihm von der Schippe zu springen. Deswegen sehen wir uns Gruselfilme an, und deswegen halten wir bei Unfällen und starren, obwohl wir uns über die Gaffer beim Weiterfahren aufregen.

Und auch wenn manche die Aufgüsse von Mordgeschichten in der Popkultur als morbide Unterhaltung abqualifizieren, ist die Beschäftigung mit Tod und Gewalt nichts Neues. Davon handeln die ältesten Geschichten, die Bibel ist voll davon, so wie weltweit beliebte Erzählungen, Legenden, Mythen und Märchen.

Neu ist nicht die Mordgeschichte, sondern wie wir sie erzählen. Heute streamen wir den Tod – manchmal im Detail –, holen ihn uns rund um die Uhr nach Hause, von Podcasts über True Crime bis zu Sendungen, wie sie der amerikanische Channel *Investigation Discovery* ausstrahlt. Der enorme Erfolg des Genres zeugt vom uralten Reiz der morbiden Neugier.

Einige Evolutionsbiologen erklären diese Neugier als rationale Analyse einer Gefahr; wir betrachten den Tod,[2] um zu lernen, wie wir ihn vermeiden können. Auch Tiere zeigen dieses Verhalten. Krähen etwa versammeln sich um ein totes Schwarmmitglied und achten dabei auf Feinde. Genauso analysieren Menschen, fasziniert vom Mysterium des Todes, die Gefahren und suchen nach Vermeidungsstrategien. (Kürzlich erst sah ich eine Sendung, in der es nur darum ging, dass Menschen erzählten, wie sie lebensgefährlichen Situationen entkamen; es war ungemein fesselnd.) Auch das Motto des Kriminal-Podcasts *My Favorite Murder* – »Bleib sexy und lass dich nicht ermorden« – weist darauf hin.

Einige Psychologen erklären die Faszination des Themas damit, dass uns das Makabre anzieht, weil wir uns danach sehnen mitzufühlen. Wir wollen uns mit dem unglücklichen Opfer identifizieren, das ist Teil unseres sozialen Charakters. Andere sind der Ansicht, dass wir verstehen wollen, was jemanden dazu bringt, anderen zu schaden. Trifft nur eine dieser Theorien tatsächlich zu, dann sind unsere Intentionen jedenfalls nicht bösartiger Natur.

Meine morbide Neugier führte mich in die Räumlichkeiten der Rechtsmedizin von Baltimore, wo ich ein Seminar über Mordermittlungen besuchte. Dabei durfte ich auch eine Autopsie beobachten. In nur einem Punkt erkannte ich die Fernsehbilder wieder: Auch hier gab es diese Schalen. Oh, und noch ein kleines Detail: An der Wand hing mitten zwischen den Fotos von früheren Rechtsmedizinern das Bild von Jack Klugman im weißen Laborkittel mit dem Schildchen »J. Quincy«.

Ich wollte also sehen, wie eine echte Autopsie abläuft. Da Baltimore die größte rechtsmedizinische Abteilung Amerikas hat, findet dort eine Menge davon statt. In der sechsstöckigen Forensik führen 16 Leichenbeschauer pro Jahr etwa 4000 Autopsien an Toten aus dem ganzen Bundesstaat durch, was etwa zehn Prozent aller Todesfälle in Maryland entspricht; darunter sind nicht nur Morde und Unfälle, sondern alle Fälle, in denen jemand unerwartet tot aufgefunden wurde. »Wenn Sie nicht hier enden wollen«, sagte man mir, »sterben Sie besser im Krankenhaus unter ärztlicher Aufsicht.«

Die Gerichtsmedizin ist ein hochmodernes Gebäude, das 2010 fertiggestellt wurde und noch »Platz zum Wachsen« bietet, erzählt mir Bruce Goldfarb, der Assistent des Leiters, während er mich durch die Garage im Erdgeschoss lotst. Hier schieben sie die Bahren sofort in den Lastenaufzug und verfrachten sie ein Stockwerk höher. Dort rollen die Verstorbenen zum Wiegen über eine Waage und werden in 13 Sekunden ganzkörpergeröntgt[3]. Im Anschluss geht es weiter in einen der beiden Autopsiesäle mit acht Tischen. So schnell waren sie noch nie bei einem Arzt.

Dann gibt es noch die Fälle, deren Verwesungszustand – gleichzusetzen hier mit Gestank – zu extrem ist. Sie kommen in einen der zwei kleineren Sicherheitsräume mit einem speziellen Entlüftungssystem, die mit dem Symbol für eine potenzielle Biogefahr gekennzeichnet sind: Die Luft wird 30-mal pro Stunde komplett ausgetauscht. Der Geruch bleibt trotzdem hängen. Jeden, der danach so einen Raum verlässt, umweht ein stechender Hauch von Fettsäuren, wie sie für den Tod charakteristisch sind.

Was fehlt, sind die Reihen rostfreier, gekühlter Stahlschubladen für die Leichen, die viele mit einer Leichenhalle verbinden. Stattdessen gibt es einen Kühlraum für Leichen, die nach der Autopsie auf Abtransport zur Beerdigung warten. »Es gibt keinen Rückstau. Ziel ist es, jeden innerhalb von 24 Stunden abzufertigen«, erzählt mir Goldfarb weiter. Auch sucht man vergeblich den Besucherraum mit den trauernden Angehörigen, die zur Identifikation der Leiche geladen sind. Unbekannte werden hier in der Regel anhand von Fotos, Zahnarztunterlagen, Fingerabdrücken oder gleich anhand der DNS identifiziert.

Am ersten Morgen meines Besuchs finde ich 17 Leichen vor, darunter fünf in den Sicherheitsräumen. Um 8.30 Uhr machen die Leichenbeschauer ihre Morgenrunde. Die Aufteilung erfolgt kollegial und ruhig. Die Fälle werden gleichmäßig auf die fünf Rechtsmediziner verteilt, ohne Streit darüber, wer die Verwesten übernehmen muss.

An diesem Tag wiesen fünf der 17 Toten Schusswunden auf, wie es ordentlich auf einer Liste angegeben wurde – die wie jeden Morgen frisch ausgedruckt neben die Überzieher gelegt wird, die jeder sich über die Schuhe zieht. Sobald ich meine anhabe, geht es weiter in einen hellen, hohen Raum. An sieben der acht Autopsiestationen liegen Leichen auf Bahren.

Die Gruppe geht flott von Leiche zu Leiche, nickt und notiert Details. Bei einigen der Fälle mit Schusswunden sind die Polizisten zugegen, die die Fälle bearbeiten. Sie liefern wichtige Informationen: die Zahl der Einschusslöcher, gefundene Patronenhülsen und Augenzeugenberichte.

Nach der Besichtigung der beiden Autopsiesäle fragt der Medizinstudent, der mich begleitet, ob ich mit zu den Sicherheitsräumen gehen möchte. Unsere kleine Gruppe eilt weiter, und ich will nicht kneifen. Also stimme ich zu. Wir betreten einen viel kleineren Raum, in dem drei Leichen liegen, die Körper in Gelb- und Violetttönen, die an verfärbte blaue Flecken erinnern. Der Gestank überfällt einen sofort beim Betreten des Raums. Er ist aber nicht so stark, dass er einen umwirft; keiner trägt eine Maske oder verstopft sich die Nase.

Als wir hinausgehen, bin ich erleichtert, bis der Student fragt, ob ich auch mit in den zweiten möchte. In den zweiten Sicherheitsraum? Wieder eilt die Gruppe weiter, sie ist nun etwas kleiner. »Wenn schon, denn schon«, sage ich, und wir betreten den zweiten. Hier liegen zwei weitere Leichen, beide in einem fortgeschrittenen Verwesungszustand. Nach dem Tod setzen Bakterien innerhalb weniger Tage Gase frei, der Körper schwillt an, die Fäulnis setzt ein. In diesem Raum werde ich Zeuge davon – und von den Begleitprozessen, inklusive des Geruchs.

Dieser Raum bleibt den ganzen Tag an mir haften, buchstäblich. Noch nach einer Stunde rieche ich den Fäulnisgeruch, vor allem, wenn ich mich beim Gehen bewege. Ich befürchte, meine langen Haare verströmen ihn. »Keine Angst, niemand riecht das an Ihnen«, sagen zwei Studentinnen auf der Toilette zu mir, als sie sehen, wie ich an meiner Bluse schnuppere. Am Waschbeckenrand steht ein Deodorant, aber ich zögere, mich vor den beiden einzusprühen. Später, in einem leeren Raum, gebe ich einen Sprühstoß in die Luft und gehe durch die Duftwolke. Selbst die Dusche am Abend vermag es nicht, den Geruch zu vertreiben, der sich bis dahin wohl nicht nur in meiner Nase, sondern auch im Hirn festgesetzt hat.

Am nächsten Morgen, frisch nach der zweiten Dusche, stoße ich zu den Studenten, um vom Zuschauerbalkon über den zwei Autopsiesälen aus und durch das Glas hindurch den Ablauf einer Obduktion zu verfolgen. Ich bin tatsächlich dabei. Die Prozedur ist umfangreich, viele Details sind zu beachten. Labortechniker und Leichenbeschauer sichern verschiedene Beweise – Hosen werden eingetütet, Kugeln entnommen, der Dreck unter den Fingernägeln entfernt.

Im anderen Raum – dem ohne Schussopfer – sind die Obduktionen weiter. Sechs der Leichen sind bereits geöffnet. Der Brustkorb ist aufgespreizt, gelbe Fettlappen hängen neben roten Muskeln und Hautlappen.

Doch die Augen wandern zuerst zu den Köpfen. Bei einigen wurde die Kopfhaut abgezogen, der Schädel aufgesägt und das Hirn entnommen. Am meisten verstören die klaffenden leeren Löcher. Ich hatte angenommen, ein Leichenbeschauer entferne nur die Oberseite des Schädels, aber tatsächlich ist es über ein Viertel davon. Der Schnitt verläuft knapp über den Ohren und dann um die Hinterseite des Schädels herum.

Ein Assistent entfernt mit der Knochensäge in wenigen Minuten einen Teil des Schädels. Und schon greift er hinein und zieht das Hirn heraus. Ein schneller Schnitt am Hirnstamm, und es liegt frei, rosa und blutig. Er hüllt es in ein weißes Tuch und rollt es sanft auf eine Folie in der Hängeschale. Sieht man Menschen zu, die diese Arbeit täglich machen, schockiert das weniger, als es klingt. Die Rechtsmediziner und Assistenten wirken ruhig und aufmerksam. Geschieht etwas Ekliges, verzieht niemand das Gesicht. Hier geht es um die Realität und alles, was auf der Suche nach der Todesursache unternommen werden muss, ist ihr Job. Jeder Teil des Körpers muss genau untersucht werden.

Schön war das nicht, aber ich bin froh, dass ich dabei war. Sollte ich unter rätselhaften Umständen sterben, bin ich nun sicher, dass meine Leiche gut behandelt und umsichtig nach Hinweisen untersucht wird, um den Grund zu ermitteln. Die saubere, geräumige Rechtsmedizin mit ihren Laboren voll leise summender Geräte war in ihrer Nüchternheit tatsächlich äußerst beruhigend.

Meistens wird uns die Realität dessen, was mit unseren Körpern nach dem Tod geschieht, vorenthalten; selbst die schaurigste Episode von *CSI: Crime Scene Investigation* oder *Bones* ist geschönt. Die Toten sind nicht zu erkennen und holografische und bunte Animationen ersetzen weitgehend die Realität der forensischen Untersuchung. Viele bevorzugen es sicher, die ekligen Teile nicht zu Gesicht zu bekommen – und sie sind glücklich darüber.

Da Sie dieses Buch in der Hand halten, vermute ich, dass Sie nicht zu diesen Menschen gehören, daher habe ich einige Geschichten für Sie. Denn das Thema Tod führte mich für überaus faszinierende Recherchen an die überraschendsten Orte, ich habe mich mit Miniaturtatorten befasst, blutenden Leichen und ans Ufer gespülten, körperlosen Füßen wie denen in British Columbia. Ich widme mich hier diesen Geschichten, um zu verdeutlichen, was mit unserem Körper nach dem Tod geschieht.

Obwohl dieses Thema schon per Definition morbid ist, sind die Geschichten meines Erachtens weder traurig noch deprimierend. Obwohl der Tod die Lebenden emotional aus der Fassung bringen kann, heißt das nicht, dass jede Neugier diesbezüglich einer lustvollen Melancholie entspringt. Es ist vielmehr das Verlangen nach Wissen, das uns auf einen womöglich produktiven, wenn auch nicht immer heiteren Weg führt. (Fragestellungen, wie sie Forensiker antreiben, den Tod zu untersuchen und Verbrechen aufzuklären.) Und das Beste: Das Stillen dieser morbiden Neugier kann uns ein wenig beruhigen, da es uns zeigt, dass selbst der Tod den Regeln der Natur gehorcht. Und das ist etwas, was wir alle verstehen können – wenn wir nur bereit sind, einmal genauer hinzuschauen.

Die kleinsten Tatorte der Welt

Über die Miniaturen, an denen Polizisten geschult werden

Die gesamte Familie Judson ist tot. Bob Judson, Vorarbeiter in einer Schuhfabrik, liegt im blutigen Pyjama mit dem Gesicht nach unten auf einer Decke neben dem Bett. Seine Frau Kate daneben wirkt, als schlafe sie friedlich, sieht man von den Blutspritzern auf ihrem Kissen und an der Wand hinter ihrem Kopf ab.

Im nächsten Zimmer kommt es schlimmer. Ihr kleines Baby hat die winzigen Arme dicht vors Gesicht gezogen, es ist blutig. Lina Mae ist – ganz im Kontrast zum Blutbad um sie herum – ordentlich mit einer rosa Decke zugedeckt, auf der Elefanten tanzen und Hunde im Tutu mitmachen.

Es ist eine traurig-schreckliche Szene. Ich soll feststellen, was hier geschehen ist. Denn hier handelt es sich um meine erste Morduntersuchung, und ich bezweifle, dass ich das fertigbringe – trotz der Tatsache, dass alle Judsons nur um die fünfzehn Zentimeter groß und aus Porzellan sind.

Die tote Familie gehört zu einem puppenhausgroßen Tatort, den Frances Glessner Lee baute, die Erbin der Landmaschinenfirma International Harvester. Sie schuf in den 1940er- und 1950er-Jahren die 20 unheimlich präzisen Dioramen, die den Namen »Studien über unerklärliche Todesfälle – alles Wissenswerte in der Größe einer Nussschale« *(Nutshell Studies of Unexplained Death)* tragen. Lee war berühmt für ihre Liebe zum Detail und verwendete für die Modelle viele Spuren von echten Tatorten. Noch heute werden achtzehn dieser Studien bei der Ausbildung von Polizisten eingesetzt. (Ein weiteres wurde in den 1990er-Jahren auf dem Dachboden ihres Hauses in New Hampshire gefunden, und eins wurde leider bei einem Umzug zerstört.)

Ich stehe in einem dämmrigen Raum im Gebäude der Rechtsmedizin von Baltimore inmitten dieser 18 Miniaturtatorte. Die Judsons gehören zur *Drei-Zimmer-Wohnung*, der größten der Miniaturen. Es ist diejenige mit den meisten Puppentoten. (Das hat mich vermutlich angezogen – schließlich liebe ich Herausforderungen.)

Einige der Tatorte könnten Teile einer Hausrenovierungs-Fernsehsendung sein, die tragisch schiefging. Im *Rosa Bad* ist im Spiegel das Gesicht einer toten Frau zu sehen. In *Die Küche* scheint eine Frau mit dem Gasofen Selbstmord verübt zu haben – oder wurde sie ermordet? Und im *Dunklen Bad* liegt eine Frau tot in der Badewanne, das starre Plastikwasser steht über ihrem Gesicht.

Jeder Tatort ist gespickt mit kleinen Spuren, die die Ermittler finden müssen. Ich reihe mich unter die Polizisten, die ihr Bestes im 73. Frances-Glessner-Lee-Mordermittlungsseminar versuchen. Es ist finanziell unterstützt von der Stiftung Harvard Associates in Police Science und wird jährlich von der Rechtsmedizin Baltimore durchgeführt. Dutzende Kriminal- und Vollzugsbeamte, Staatsanwälte und Angehörige anderer Strafverfolgungsbehörden besuchen jedes Jahr die Einführungskurse und manchmal werden auch Journalisten wie ich geduldet.

In der einwöchigen Schulung für Strafjustizmitarbeiter halten sechzehn Rechtsmediziner und weitere Forensik-Experten Vorträge über die verschiedensten Fragestellungen, von der Deutung von Blutflecken bis zur Sammlung von Beweisspuren und zur Identifizierung von Verletzungsmustern. Was damit gemeint ist? Es gibt jeweils einen 90-minütigen Vortrag mit Hunderten Fotos der verschiedensten Wunden, verbunden mit der Frage nach stumpfer oder scharfer

Gewalt. Darunter sind Wunden, die von allen möglichen stumpfen oder spitzen Dingen herrühren. (Die Fotos von scharfer Gewalt sind – nicht zuletzt dank der Pfählungen – grauenhafter, aber stumpfe Gewalt ist auch nicht ohne …)

Zwischen den Referaten – oder der Parade der schrecklichen Todesarten, wie ich sie in den vier Tagen bei mir heimlich nenne – untersuchen die Studenten in Dreier- oder Vierergruppen jeweils einen Miniaturtatort. Am letzten Seminartag, einem Freitag, präsentieren die Gruppen ihre Ergebnisse und verraten, ob ihrer Meinung nach ein Mord verübt wurde und welche Spuren sich am Tatort finden lassen. Am Ende erfahren sie, ob ihre Analysen mit dem Szenario übereinstimmen, das Frances Glessner Lee ursprünglich entworfen hat. Die Lösungen sind streng gehütete Geheimnisse, wie mir mehrfach eingeschärft wurde.

Lee gilt als die »Mutter der Forensik«, sie baute die Dioramen als Hilfen, um Ermittlern forensische Grundlagen zu vermitteln. Das Fach entstand damals erst und gehörte noch keineswegs zur regulären Ausbildung. Lee stiftete der Harvard Universität zudem ein Institut für Rechtsmedizin, das von 1931 bis 1966 Ärzte und Justizbeamte schulte. Dort wurde umfassende forensische Forschung betrieben, von der Analyse von Schmauchspuren bis zu Vergiftungsmethoden. Heute erinnern die *Nutshells*, Lees Dioramen, an ihren wichtigen Beitrag zur Forensik in Amerika.

Die Dioramen entstanden im Maßstab 1:12. Die aus Autopsie- und Polizeiberichten sowie Zeugenaussagen übernommenen Details wurden entsprechend verkleinert und zur Verschleierung etwas verändert. Manchmal änderte Lee die Namen und Daten in den Tatortbeschreibungen und nahm sich bei Einzelheiten, die keine wichtigen Hinweise lieferten, Freiheiten heraus wie bei Tapeten oder der Ausstattung.

Laut Bruce Goldfarb, dem Assistenten des Leiters der Rechtsmedizin von Maryland und de facto dem Kurator der Dioramen, gab Lee für manche von ihnen so viel Geld aus, wie damals ein ganzes Haus gekostet hätte. Goldfarb ist freundlich und energisch, er hat einen grauen Spitzbart und eine hippe schwarze Brille. Er war Journalist und fand in der Rechtsmedizin seinen Traumjob. Als ich ihn treffe, vollendet er gerade ein Buch über Lees Beitrag zur Forensik.

Während Goldfarb mich durch das Gebäude führt, muss ich hinter ihm herhasten. Wir flitzen in die Labore und wieder hinaus und sehen uns eine Wohnung in Originalgröße an, das Scarpetta-Haus, das die Krimiautorin Patricia Cornwell spendete. Dort werden Tatorte nachgebaut, um Kriminalbeamte zu trainieren. Er wird erst langsamer, als wir den dämmrigen Raum mit den Dioramen betreten.

Spricht Goldfarb über Lees Schöpfungen, klingt seine Stimme ehrfürchtig: »Wenn es einen einfachen und einen schwierigen Weg gab, nahm sie den schwierigen.« (Eine Miniatur-Mülltonne im Diorama *Three-Story Porch*, so stellt er fest, enthält authentischen Müll.) Er erzählt mir auch, dass alle Figuren Unterwäsche tragen. Leider kann ich keine Hose herunterziehen, um das zu überprüfen, da alles hinter Plexiglas steht.

Eines der Zimmer ist sogar so gebaut, dass man es nicht ansehen kann, ohne den ganzen Tatort zu demontieren. In einem anderen bestand sie darauf, dass der winzige Schaukelstuhl nach dem Anstoßen genau so oft schaukelt wie das Original. Der Verputz und die Latten sind echt, die Wände haben Pfosten und die Türen einen Rahmen.

Mir ist schwindlig vor lauter Eindrücken, schließlich besichtige ich diese Wunderwerke nicht nur, sondern untersuche sie aus der Nähe wie eine echte Polizistin. Ich teste mein forensisches Wissen und meine Beobachtungsfähigkeit, um herauszufinden, was jeweils geschehen ist.

Meine Partner bei der Lösungssuche sind Anthony Benicewicz, Psychologe und Student der forensischen Psychologie, Ayomide Oludoyi, Masterstudent in forensischer Medizin, Captain Mike Wahl, Leiter der Abteilung für Schwerverbrechen der Polizei des Montgomery County, und Haley Nelson, Sonderermittlerin der Strafverfolgungsbehörde von South Carolina. Neben ihnen fühle ich mich extrem unqualifiziert.

Nelson sieht mit ihren langen blonden Haaren und der Pistole an der Hüfte wie die Heldin eines Fernsehkrimis aus. Ich achte darauf, dass ich ihrer Waffe nicht zu nahe komme, als wir uns um das *Three-Room Dwelling* und seine tote Familie drängen und mit der Untersuchung beginnen.

Zwischen den Vorträgen eilen wir immer wieder zurück zu unserem Diorama, um mögliche Szenarien durchzugehen. Wir diskutieren, ob der Vater einen Mord-Selbstmord beging oder ein Eindringling sinnlos mordete. Zwei Schlafzimmerfenster im Haus stehen einen Spaltbreit offen, und im Zimmer des Babys Linda Mae wurde ein kleiner Tisch vor dem offenen Fenster umgestoßen. Nelsen kommt auf den Tisch zurück: Ob ihn ein Einbrecher umgestoßen hat, als er in das Haus eindrang?

Ich bin nicht so sicher. Die Fenster stehen so weit offen, dass jemand hindurchklettern kann. Wir gehen den Tatort Raum für Raum durch, rekonstruieren mögliche Szenarien. Am Küchentisch liegt ein Gewehr, neben einer Blutlache. Mit kleinen Taschenlampen suchen wir nach Einschusslöchern und Patronenhülsen. Das Gewehr ist lang, ich halte es für eine Büchse, also ein Gewehr mit gezogenem Lauf, bis wir mit den Taschenlampen ein Feld winziger Löcher in der Wand sehen. »Könnte es eine Schrotflinte gewesen sein?«

Ich frage Mike Wahl, da ich finde, dass das eine Frage für einen echten Polizisten ist. Er sieht es sich an, geht so dicht an den Plexiglaskasten heran wie irgend möglich.

»Entweder eine Flinte oder ein Kleinkaliber«, sagt er, bevor wir zurück zum Vortrag über Schusswunden eilen müssen. Den größten Teil des Vortrags über vertiefe ich mich in einen Wikipedia-Eintrag über die Geschichte der Feuerwaffen. Und im Anschluss durchforsten wir die Zimmer des Hauses nach Hülsen.

Benicewicz und ich machen aus, uns früh am nächsten Morgen bei unserem Diorama zu treffen, um nach mehr Spuren zu suchen. Ich bin um acht Uhr da. Der Raum ist leer und ich bin eine Weile mit den Dioramen allein. Ich versuche, mir vorzustellen, ich sei eine reiche Erbin der 1940er-Jahre und würde kostbare Lebenszeit und ein kleines Vermögen opfern, um winzige Tatorte zu bauen. Ich würde dem Handwerker sagen, er solle ein maßstabgetreues Miniaturblockhaus bauen und dann abbrennen. Denn genau das tat Frances Glessner Lee. Ich gucke mir den kleinen verkohlten Körper genau an, der im abgebrannten Haus im Bett liegt.

Benicewicz gesellt sich zu mir, aber wir kommen nicht weiter. Alles in dem fraglichen Diorama könnte ein Hinweis sein. Auf dem Küchentisch stehen Teller, Teetassen und etwas, was ich für eine Flasche scharfe Soße halte. Für welches Essen ist das? Benicewicz versucht, die winzige Zeitung auf dem Küchenboden zu lesen; er weiß genau, dass Lee ein Auge für Details hatte. Wir machen mit den Handys zahllose Fotos und vergrößern sie. Schließlich gelingt es ihm, eine Überschrift zu entziffern. Es geht um Schüler und eine Konzertaufführung. Anscheinend hat uns Lee eine falsche Spur hinterlassen.

Da man ohne DNS oder Fingerabdrücke arbeitet, zwingen einen die Miniaturen dazu, alle grundlegenden Elemente der Forensik anzuwenden. Das umfasst vor allem die Biologie des Sterbens und ein bisschen Physik (die Grundregeln, etwa zur Ballistik oder dass sich am niedrigsten Punkt des toten Körpers Blut ansammelt). Um das Rätsel zu lösen, muss man zum Beispiel das Haar bemerken, das an einem harmlos wirkenden, stumpfen Gegenstand hängt, oder den Arm, der schon steif war, bevor der Körper hingelegt wurde.

Meine Mitstreiter finden viele solche Spuren. Als wir unsere Befunde vortragen, kommen die meisten Teams den Lösungen Lees nahe. Sie erkennen Morde, die wie Unfälle oder Selbstmorde aussehen sollen, und sogar einen unbeabsichtigten Suizid, der auf den ersten Blick wie ein Mord wirkt.

Wir in meinem Team gingen ebenso alle möglichen Szenarien durch, leuchteten mit Taschenlampen an jeden Punkt, an dem unser vermutlicher Mörder vielleicht gestanden haben könnte. Wir überlegten, von wo aus ein möglicher Schütze schoss und wo er oder sie als Nächstes wohl hinging, und wir suchten nach den passenden Beweisen. Zuletzt schien ein Szenario alle physischen Spuren zu erklären.

Ich darf Ihnen nicht erzählen, was wir herausfanden. Ich bin zur Verschwiegenheit verpflichtet. Aber ich kann Ihnen erzählen, dass ich freiwillig unsere Ergebnisse vortrug und dabei zu sehr ins Detail ging – eine meiner Schwächen. Aber: Wir haben ins Schwarze getroffen!

Sie können es auch selbst versuchen. Die Miniaturen sind zwar nicht öffentlich zugänglich, aber die Smithsonian Institution ließ für eine Ausstellung 2017 detaillierte Fotos machen, die Sie online ansehen können.[4] Man kann sie sogar in einer VR-Version mit dem Smartphone erkunden. Sie werden die jeweiligen Lösungen vermutlich nicht finden, aber das sollte Sie nicht abhalten.

Bei der Untersuchung der Miniaturen geht es nicht nur darum, die richtige Antwort zu finden. Der Punkt ist, zu erkennen lernen, was vor einem liegt – einen Schauplatz zu betreten, an dem etwas Schreckliches geschah und dem Drang zu widerstehen, einfach wegzusehen. Lees Miniaturen fordern vom Betrachter, sich auf das Unwägbare einzulassen. Wie im wirklichen Leben ist man nie sicher, was wichtig ist und was nicht. Diese Unsicherheit macht die Szenen so ungemein glaubwürdig. Und das spornt Sie gewiss ebenfalls an, ihr deduktives Geschick trotz größter Ängste zu testen.

Würde Ihr Hund Sie fressen, wenn Sie sterben?

Gut möglich!
(Aber Sie sind nun kein bisschen klüger!)

Ein Forensiker aus Berlin berichtete 1997 in der wissenschaftlichen Fachzeitschrift *Forensic Science International* von einem besonders grausigen Fall. Ein 31-jähriger Mann war abends in den umgebauten Gartenschuppen hinter dem Haus seiner Mutter gegangen, wo er mit seinem Deutschen Schäferhund lebte. Um 20.15 Uhr hörten die Nachbarn einen Schuss.

Nur 45 Minuten später fanden ihn die Mutter und die Nachbarn tot mit einer Schusswunde im Mund, einer Walther-Pistole unter seiner Hand und einem Abschiedsbrief auf dem Tisch. Und dann machte die Polizei eine grausige Entdeckung: Er hatte Bissspuren im Gesicht und am Hals.

Der Hund war ruhig und reagierte auf die Kommandos der Polizisten. Aber auf dem Weg ins Tierheim spuckte er etwas vom Gewebe seines Besitzers aus, darunter Haut, an der noch Barthaare des Mannes zu erkennen waren. Wohlgemerkt, es handelte sich hier nicht um einen halb verhungerten Hund, der mit der Leiche längere Zeit eingesperrt gewesen wäre. Als die Polizei ankam, war der Napf fast voll mit Hundefutter. Die verstörende Frage war also: Ist der beste Freund des Menschen gar nicht so treu?

Niemand dokumentiert, wie oft Haustiere die Körper ihrer verblichenen Besitzer annagen. Doch in den letzten 20 Jahren erschienen in Forensik-Zeitschriften Dutzende Berichte, die uns Aufschluss über einen Gedanken geben, den die meisten Haustierhalter weit von sich weisen würden:

Die Frage, ob sie zum Futter werden könnten. Ich selbst hatte nie darüber nachgedacht, bis mich eine Freundin darauf ansprach. Als alleinstehende Tierfreundin beunruhigte sie allein die Idee.

Ich wollte so viel wie möglich herausfinden und entdeckte schließlich Studien zu über 20 Fällen, in denen Haustiere tatsächlich Menschen gefressen hatten, sowie eine Studie von 2015, die 63 Fälle dokumentierte. Die Geschichten sind so tragisch wie die Fotos grässlich. Ich las sie, um Antwort auf die Frage nach dem Warum zu finden. Warum hungern einige Tiere wochenlang, ohne ihre toten Besitzer anzurühren, während andere sofort zubeißen? Und können Tierhalter ein so grässliches Ende vermeiden?

Einige der Muster, die ich fand, als ich über diesen Berichten brütete, haben mich überrascht und gleichzeitig die Frage aufgeworfen, warum Haustiere womöglich die Toten fressen. Sie zeigen zudem, wie falsch wir liegen können, wenn wir ihr Verhalten interpretieren, ohne ihre Perspektive einzunehmen.

Zuallererst: Katzen leiden unter einem falschen Ruf. Wir halten Hunde für treu, während ihre Katzenkollegen als reservierte Raubtiere gelten, die einen sofort auffressen würden. Doch es stellte sich heraus, dass die meisten dokumentierten Fälle in der forensischen Literatur Hunde betrafen. Über Katzen, die ihre Besitzer fressen, fand ich nur relativ wenig publizierte Berichte, und einer davon handelte von einem Mann, der zehn Katzen hatte. In einem Artikel, der im *Journal of Forensic and Legal Medicine* 2010 erschien, starb eine Frau an einem Aneurysma. Als sie am nächsten Tag in ihrem Bad gefunden wurde, hatte ihr Hund ihr das halbe Gesicht weggefressen, doch ihre zwei Katzen hatten sie nicht angerührt.

Als ich in meinem Blog *Gory Details* zum ersten Mal über dieses Phänomen berichtete, nahm ich an, dass Rechtsmediziner vermutlich eher über Fälle mit Hunden schrieben, da sie das Verhalten des angeblich besten Freunds der Menschen beachtenswerter finden. Doch nach Gesprächen mit Forensikern und Rechtsmedizinern bin ich mir da nicht mehr so sicher.

Eine Studie im *Journal of Veterinary Behavior* von 2016 lautete: »Von Hundefraß in Wohnungen wird selten berichtet, doch er wird regelmäßig in der forensischen Praxis beobachtet.« Die Pathologen, mit denen ich gesprochen habe, bestätigten das. Der Rechtsmediziner Joseph Prahlow[5] aus Michigan erzählte, er würde »mindestens ein paar Mal im Jahr« Fressspuren von Haustieren an Leichen finden, in der Regel eher von Hunden als von Katzen.

Das ist nicht erstaunlich, wenn man einmal das Fressverhalten von Hunden und Katzen vergleicht. Hunde sind opportunistische Esser; sie jagen, sind sich aber nicht zu fein, auch ein totes Eichhörnchen zu verdrücken. Katzen bevorzugen es, zu jagen und ihre Beute zu töten. Obwohl beide auch im Müll wühlen, wenn sie hungrig sind, neigen Hunde dazu, weniger wählerisch zu sein.

»Der Hund stammt vom Wolf ab«, sagt der Psychologe und Fernsehmoderator Stanley Coren, bekannt für seine Bücher über Hunde. »In einer Situation, in der ein Besitzer stirbt und es nichts zu fressen gibt, wird ein Hund also was tun? Er wird jedes Fleisch fressen, das da ist.«

Das heißt nicht, dass ihre Katze Sie ganz sicher nicht fressen wird. Wenn Katzen Leichen anfressen, dann meistens im Gesicht – vor allem Weichteile wie Nase und Lippen, sagt die forensische Anthropologin Carolyn Rando vom University College London, die sich für das Thema interessiert, seit sie damit bei archäologischen Grabungen konfrontiert wurde. »Als Katzenhalterin überrascht mich das nicht«, sagt sie. »Wenn du schläfst, schlagen sie dir zum

Wecken meist ins Gesicht.« Katzen könnten also zunächst einmal versuchen, ihre Besitzer »aufzuwecken« und dann anfangen zu beißen, wenn das nicht hilft. Aus einigen forensischen Berichten geht klar hervor, dass die Tiere ihre toten Besitzer fraßen, um zu überleben. So ereignete sich 2007 ein Fall, bei dem ein Chow-Chow und ein Labradormischling einen Monat überlebten, indem sie ihren toten Halter fraßen – übrig blieben nur der Schädel und ein Haufen Knochensplitter.

Doch in unserem Ausgangsfall, dem Fall in Berlin von 1997, hatte sich der Schäferhund sofort nach dem Tod seines Besitzers über diesen hergemacht. »Interessant ist der Grund, warum das ansonsten brave Haustier ohne Hunger die Leiche seines Besitzers so schnell verstümmelte«, schrieb Markus Rothschild, der Rechtsmediziner. Viele Menschen verträten die Annahme, dass ein Hund so etwas nur tue, wenn er hungere. »Doch die forensische Erfahrung zeigt, dass dies eindeutig falsch ist.«

Sieht man sich das Jahr 2015 daraufhin an, so dreht sich fast ein Viertel der Fälle um Tierhalter, die innerhalb eines Tages nach dem Tod angefressen wurden. Noch interessanter: Einige der Hunde – wie der in Berlin – hatten durchaus Zugang zu anderem Futter, das sie nicht weiter beachteten.

Man könnte annehmen, dass Hunde, die ihre Halter aus Hunger anfraßen, sich auf dieselben Körperteile konzentrierten, die sie auch in freier Wildbahn bevorzugen. Aber das ist nicht so. Tatsächlich stürzten sich 73 Prozent der Haustiere, die ihre Halter zu Hause annagten, auf das Gesicht; nur 15 Prozent der Leichen wiesen Bisse im Unterleib auf. Im Gegensatz dazu zeigen Hundeartige im Freien (sowohl Kojoten als auch Haushunde) ein gut dokumentiertes Muster: Sie öffnen Brust und Unterleib und fressen erst einmal die nährstoffreichen Organe, danach die Gliedmaßen.

Nur zehn Prozent der Fälle in freier Wildbahn weisen Wunden an Gesicht oder Kopf auf.

Man ist versucht zu denken, man habe nach dem Tod nichts zu befürchten, solange man mit dem eigenen Hund gut vertraut ist und ihn stets auch so behandelt. Doch das Verhalten der Haushunde ist nicht so eindeutig. In keinem der Berichte, die ich las, wurde auf eine vorausgegangene Misshandlung der Tiere hingewiesen – im Gegenteil wurde in einigen betont, die Halter hätten nach Aussage von Freunden und Nachbarn zu ihren Hunden ein gutes Verhältnis gehabt.

Ist es also eine Frage der psychischen Gesundheit des Tieres? »Eine mögliche Erklärung wäre, dass das Tier dem leblosen Halter helfen will und ihn zuerst ableckt oder anstupst«, merkt Rothschild an. »Wenn das zu keinem Ergebnis führt, wird es verzweifelter und panisch, was dazu führen kann, dass es zubeißt.« Vom Biss zum Fressen ist es nur ein kleiner Schritt, bemerkt die forensische Anthropologin Carolyn Rando: »Der Hund will nicht unbedingt fressen, aber der Fresstrieb wird durch den Geschmack des Bluts stimuliert.«

Was die Sache weiter kompliziere, ergänzt Rando, sei, dass verschiedene Hunderassen verschiedene Charaktere hätten, was auch eine Rolle bei der Reaktion auf den Tod des Halters spielen könne. Doch in den forensischen Berichten tauchen viele Hunderassen auf, die süßen Labradore und Golden Retriever genauso wie verschiedene Jagd- und Arbeitshunde.

Alles in allem wurde meist von mittelgroßen bis großen Hunden berichtet, die kleinste Rasse war ein Beagle. Da größere, stärkere Rassen mehr Schaden anrichten können, stechen solche Fälle vielleicht auch einfach mehr hervor. Europäische Wissenschaftler berichteten 2011 von drei Fällen mit Leichenfraß, in denen die Leichen quasi enthauptet wurden, und in allen waren Deutsche Schäferhunde beteiligt. Doch soweit wir wissen, würde Ihnen auch ein Zwergspitz oder Chihuahua den Kopf abbeißen, wenn er könnte.

Rando vermutet, dass der individuelle Charakter wichtiger sein könnte als die Rasse. Ein unsicherer, ängstlicher Hund, der regelmäßig Zeichen von Trennungsangst zeigt, könnte eher vom verzweifelten Lecken zum Beißen und Fressen übergehen.

Was also kann man selbst tun, um nicht gefressen zu werden? Es gibt keine Garantie, egal bei welchem Haustier; selbst Hamster[6] und Vögel haben sich schon über Leichen hergemacht. Haustierhalter reduzieren laut Rando das Risiko am ehesten, wenn sie sicherstellen, dass Leute nach ihnen sehen, und dass nicht nur, wenn sie lange nichts mehr von einem gehört haben. Aus demselben Grund sollten sie auch bei älteren Nachbarn oder Kranken vorbeigehen: »Es ist ein guter Grund, dafür zu sorgen, dass man Menschen um sich herum hat. Sozialkontakte im Alter sind für alle gut.«

Andererseits ist nicht jeder, dem dieses grausliche Szenario theoretisch droht, auch besorgt darüber. Als ich diesen Blogbeitrag veröffentlichte, war ich überrascht, wie viele Menschen äußerten, dass sie damit kein Problem haben. »Man sorgt für seine Tiere auch nach dem Tod. Das ist doch gut!« – diesen Tweet sendete ein Leser.

Doch selbst, wenn Sie das nicht kaltlässt, könnten Sie erwägen, Hunden (und Katzen) einen Freischein auszustellen. Dass sie manchmal an unseren Leichen knabbern, selbst ohne hungrig zu sein, heißt nicht, dass sie in uns nur die wandelnde Futterdose sehen. Vielmehr deuten die verzweifelten Versuche, die toten Halter aufzuwecken, darauf hin, dass der Verlust des menschlichen Gefährten eine traumatische Erfahrung ist.

Angesichts dieses Traumas können wir offenkundig von unseren Tieren nicht erwarten, sich wie trauernde Menschen zu verhalten; sinnvoller ist es, sich die Reaktion anderer sozialer Tiere auf Tote anzusehen. Obwohl wir nicht wissen können, ob der Gefühlszustand eines Hunds mit dem unserer Trauer vergleichbar ist, zeigen Tierstudien, dass viele Arten auf komplexe Weise auf tote Artgenossen reagieren. Elefanten fahren mit der Rüsselspitze über Gesicht und Stoßzähne der toten Gruppenmitglieder – dieselben Körperteile, die sie auch zum Gruß berühren. Schimpansen, Delfine und Dingos tragen tote Babys teils tage- oder wochenlang herum. Und Krähen sammeln sich laut um die Toten und attackieren gelegentlich die Leiche.

Letztendlich könnte die im Laufe der Domestikation entwickelte sehr enge Bindung an den Menschen der Grund dafür sein, dass sie uns anknabbern. Stellen Sie sich vor, wie quälend es sein muss, Ihren Körper reaktionslos am Boden liegend aufzufinden. Wenn der Kummer darüber zu einem Lecken und dann zum Fressen führt, dann müssen wir wohl akzeptieren, dass einen Liebe manchmal verzehrt.

Die Leichen, die bluteten

Können die Toten ihre Mörder verraten?

Wenn Tote doch nur reden könnten. Wenn wir einer Leiche doch nur eine Spur entnehmen könnten – vielleicht ein Bild des Mörders, eingebrannt in die Retina des Opfers –, könnte das Rechtsmedizinern und Polizei viel Arbeit ersparen.

Für derartige Hinweise hat das Strafjustizsystem über die Jahre hinweg einiges an fragwürdiger Wissenschaft bemüht. Noch vor hundert Jahren entnahmen einige Ärzte den Leichen die Augen und versuchten wie Fotografen, das letzte Bild von der Retina abzunehmen und zu entwickeln. Die Methode nannten sie Optografie und obwohl sie sich als Quatsch erwies, beruhte sie auf einer echten wissenschaftlichen Entdeckung. Der deutsche Physiologe Franz Christian Boll fand 1876 in der Netzhaut ein purpurnes Pigment, das bei Lichtkontakt blass wurde. Er nannte es »Sehpurpur«, heute heißt es Rhodopsin. Leider waren die »Optogramme« des auf Zelluloid gebannten Rhodopsins von Leichenaugen nutzlos und überführten nie einen Mörder.

Die Optografie war eine vergleichsweise kurzlebige Modeerscheinung bei der Auslotung möglicher Leichenbefragungsmethoden, eine andere hielt sich länger. Noch vor wenigen Jahrhunderten wurden Menschen als Mörder verurteilt, weil man dachte, dass eine Leiche in Gegenwart des Mörders spontan bluten würde. Etwa vom 12. bis Anfang des 19. Jahrhunderts fällten in ganz Europa und im kolonialen Amerika Gerichte ihre Urteile aufgrund einer sogenannten Bahrprobe – eine Bezeichnung, die von der Bahre herrührte, auf der Leichen oder der Sarg aufge»bahrt« waren. Als schlüssiger Schuldbeweis galten etwa blutende Messerwunden oder Blutströme aus Nase oder Augen der Toten.

Niemand weiß genau, wie der Glaube an die Bahrprobe entstand. Einer der frühesten schriftlichen Belege ist das germanische Heldenepos *Nibelungenlied* aus dem 13. Jahrhundert. Darin wird der Drachentöter Siegfried ermordet und sein Körper aufgebahrt. Als sein Mörder Hagen sich nähert, beginnen Siegfrieds Wunden zu bluten.

»Es ist ein großes Wunder und geschieht heutzutage häufig: Wann immer ein blutbesudelter Mörder an der Leiche steht, fängt die Wunde an zu bluten«, schreibt – in heutige Worte übertragen – der anonyme Dichter des Nibelungenlieds. Dieses Zitat beweist, dass in der Zeit um das Jahr 1200, als das Epos geschrieben wurde, die Vorstellung der Bahrprobe bereits etabliert war.

Schon mit dem einfachsten wissenschaftlichen Denken ist es schwer nachvollziehbar, wie die Idee überhaupt aufkommen konnte, dass Leichen auf Befehl bluten. Selbst wenn man außer Acht lässt, dass ein Toter die Gegenwart des Mörders nicht spüren kann, müsste eine einfache Beobachtung der Leichen eigentlich so etwas wie spontane Blutungen ausschließen. Hört das Herz auf zu schlagen, blutet der Körper nicht mehr wirklich. Kurz nach Eintritt des Todes sinkt das Blut zum tiefgelegensten Teil des Körpers ab, was zu den purpurblauen sogenannten Livores oder Totenflecken führt, die gewöhnlich zwischen 30 Minuten und vier Stunden nach dem Tod auftreten. Die Flecken »verstetigen sich« innerhalb von acht bis zwölf Stunden. Selbst wenn die Leiche bewegt wird, bleibt das Blut am Ort. »In dieser Zeit wird ein Körper nicht wirklich bluten, sondern allenfalls Wundsekret absondern«, formuliert es die Forensikerin und Krimiautorin A. J. Scudiere.

Was sahen die Menschen also, dass sie überzeugt waren, ein Leichnam könne plötzlich zu bluten anfangen? Vielleicht sahen sie faulig riechende, rotbraune Fäulnisflüssigkeit austreten, die am Beginn der Zersetzung in den Lungen entstehen kann. Wurde die Leiche auf dem Weg zum Gerichtsort herumgestoßen, könnte einiges davon aus Nase oder Mund geflossen sein.

Fäulnisflüssigkeit wäre also ein glaubwürdiger Ursprung des Phänomens Bahrprobe. Aber die Menschen suchten ja nicht unbedingt einen konkreten physischen Beweis, sie glaubten buchstäblich an Wunder im Gerichtssaal. Die Bahrprobe war nur eins der Gottesurteile, die vor Gericht als realer Beweis galten. Es gab auch Wasserproben, wie die Probe, bei der Hexen auf dem Wasser schwammen und Unschuldige versanken. Bei der Feuerprobe mussten Verdächtige heiße Eisen halten oder über sie hinweg gehen; heilte Gott die Wunden nicht binnen drei Tagen, galten sie als schuldig. Solche Proben waren weder lokal gültig noch auf abgelegene Landstriche beschränkt: Selbst King James I. (d.i. König Jakob I., Anm. d. Ü). von England glaubte fest daran.

King James ist heute für seine Bibelversion bekannter als für seinen Glauben an diabolische Praktiken. Doch 1597, über ein Jahrzehnt bevor die King-James-Bibel erschien, schrieb er eine Abhandlung in Dialogform über Dämonen und Hexerei, die *Daemonologie, In Forme of a Dialogue*. Er war vom Okkultismus besessen, vor allem von Hexen, nachdem er 1590 noch als King James VI von Schottland einen Zirkel von mindestens siebzig Hexen aufgedeckt hatte. Die Hexen wurden bis zu ihrem Geständnis mit Geräten wie dem »Brustreißer« gefoltert – was genauso schrecklich war, wie es klingt. Im Zuge der schottischen Hexenprozesse wurden insgesamt etwa 4000 Menschen auf dem Scheiterhaufen verbrannt.

In der *Daemonologie* schrieb der König auch über seinen Glauben an die Bahrprobe als Mittel, Gerechtigkeit walten zu lassen:

Bei einem geheimen Mord wird, wenn der Mörder den toten Leichnam irgendwann hernach berührt, Blut ausströmen, als würde das Blut den Himmel um Rache am Mörder anrufen; Gott hat uns dieses übernatürliche Zeichen als Anklage dieses geheimen unnatürlichen Verbrechens gesandt.[7] Seltsamerweise mussten anscheinend männliche Leichen am häufigsten bluten. Die Historikerin Molly Ingram von der University of Oregon untersuchte in ihrer Masterarbeit Berichte über Bahrproben, viele aus frühen Flugschriften, die Mordprozesse beschrieben. Es fanden sich unter den blutenden Leichen bemerkenswert wenige Frauen – außer als angebliche Mörderinnen. Auch Zeugenaussagen von Frauen fehlten darin weitgehend. »Aussagen von Frauen galten als weniger glaubwürdig als die von Männern«, erklärt Ingram.

Ingram studierte auch historische Berichte über Besessenheit von Dämonen. (Sie betraf meistens Frauen, deren Körper als schwächer als die der Männer galten. Die Dämonen konnten somit leichter eindringen.) Den Aussagen der Frauen vertraute man mitunter weniger als denen ihrer männlichen Dämonen, die sie angeblich besetzt hatten. Angesichts der Misogynie damals »überrascht es nicht, dass es da einen Unterschied gab«, meint Ingram. »Es überrascht mehr, dass [heute] niemand mehr etwas davon zu wissen scheint oder es thematisiert.«

In einem seltenen Bericht über einen Fall, bei dem im Jahr 1660 die Bahrprobe bei einer Frau hinzugezogen und ein gewisser Thomas Mertine aus Maryland beschuldigt wurde, er habe seine Hausangestellte Catherine Lake totgeschlagen, sorgte die Bahrprobe für einen Freispruch: »Die

Leiche zeigte kein Blut«, stellte das Gericht fest und bestätigte damit, was die Jury anscheinend schon entschieden hatte: Entgegen der Aussagen von drei Hausangestellten, die sahen, wie Mertine die Frau totschlug, befand man, dass Lake nicht durch die Schläge starb, sondern an Hysterie. Der Herr kam frei.

Selbst in der frühen Neuzeit, als Christoph Kolumbus die Neue Welt erreichte und die Renaissance in voller Blüte stand, setzten die Menschen noch auf Magie und Wunder, um Rechtsstreitigkeiten zu klären. Ingram meint: »Die Welt blieb ein verzauberter Ort.«

Die meisten Formen des Gottesurteils wurden im 16. Jahrhundert aufgegeben, doch die Bahrprobe hielt sich noch eine Weile. Ingram vermutet, dass ihr mehr vertraut wurde als anderen Formen des Gottesurteils, da man sie vor allem mit Männern assoziierte.

Eine der letzten Bahrproben fand vermutlich 1869 in Lebanon, Illinois, statt. Der Historiker Henry Charles Lea schrieb 1878: »Die Körper von zwei Ermordeten wurden ausgegraben und 200 Nachbarn mussten an ihnen vorbeimarschieren, jeder musste sie anfassen, in der Hoffnung, den Verbrecher zu finden.« Ich konnte das Original des Zeitungsartikels aus der *North American and United States Gazette* vom 29. März 1869 nicht selbst einsehen, um herauszufinden, was dann geschah, doch vermutlich gab das Verfahren den Mörder nicht preis.

Heute sieht man »sprechende« Leichen zum Glück nur in der Kunst und bei Theateraufführungen, wie etwa am Anfang von Shakespeares *Richard III.* Richard (noch Herzog von Gloucester) hat König Heinrich VI. getötet. Richards künftige Frau, Lady Anne Neville, klagt ihn dieses Verrats an, als er sich ihr bei der Beerdigung des Königs nähert und die Leiche zu bluten beginnt.

Oh Herrn, seht, seht des toten Heinrichs Wunden, öffnen ihre starren Münder und bluten frisch. Erröte, erröte, du Klumpe schnöder Missgestalt: Denn deine Gegenwart haucht dieses Blut.

Heute stützen wir uns nicht auf so etwas wie Aussagen von Leichen und Wunden, sondern auf DNS, Fingerabdrücke und andere forensische Methoden, um Schuld oder Unschuld zu bestimmen. Der wissenschaftliche Beweis ist in Mordprozessen inzwischen so wichtig, dass amerikanische Anwälte befürchten, eine Jury erwartete bei jedem Fall Hightech-Beweise; sie nennen das den »CSI-Effekt«. Noch gibt es keine wissenschaftlichen Studien, die diesen Effekt belegen könnten. Doch es gibt Hinweise, dass Fans von Serien wie *CSI* Beweise anders bewerten. Ein Versuch kanadischer Kriminologen von 2015 zeigt, dass Testjuroren, die die Forensik-Serien im Fernsehen für realistisch halten, DNS-Beweise stärker gewichten als die Kontrollgruppe.

An was wir glauben, hat sich mit der Zeit verändert, doch unsere Vorurteile nehmen wir in den Gerichtssaal mit. Juroren heute mögen nicht mehr erwarten, dass eine Leiche aus Wunden blutet, doch sie lieben ein wenig Tamtam, wie den »Erwischt«-Moment, wenn ein Experte den DNS-Treffer mit der Eins-zu-einer-Milliarde-Chance präsentiert. Das unterscheidet sich nicht sehr von der Hoffnung unserer Vorfahren auf eine Nachricht aus dem Grab, nur hat sie eine wissenschaftlichere Form angenommen.

Eigentlich überrascht es nicht, dass ausgerechnet der Tod unsere Fantasie anregt und wir zuweilen wenig sachlich über die Beweise vor uns urteilen. Letztlich bleibt er der große Unbekannte.

Das Geheimnis der körperlosen Füße

Die Füßeflut von British Columbia

Am 20. August 2007 entdeckte ein zwölfjähriges Mädchen am Strand von Jedediah Island in British Columbia einen einsamen weiß-blauen Laufschuh Größe 12, was etwa Schuhgröße 46 entspricht. Sie sah hinein, und da war eine Socke. Sie sah noch einmal hinein und fand einen Fuß.

Sechs Tage später kam ein Paar aus Vancouver bei seiner Uferwanderung auf der nahe gelegenen Insel Gabriola an einem schwarz-weißen Reebok vorbei – darin ein weiterer verwesender Fuß, auch Männergröße 46. Die zwei Füße gehörten eindeutig nicht derselben Person; es waren nicht nur verschiedene Schuhe, sondern in beiden war jeweils ein rechter Fuß.

Die Polizei war fassungslos. »Zwei Füße, in so kurzer Zeit gefunden, das ist sehr verdächtig«, meinte Garry Cox von der Royal Canadian Mounted Police zur *Vancouver Sun*. »Die Chance, einen Fuß zu finden, liegt bei 1:1 000 000, aber gleich zwei zu entdecken, das ist verrückt. Es gibt Tänzer mit zwei linken Füßen – aber ich bitte Sie.«

Im Jahr darauf tauchten fünf weitere Füße an verschiedenen kanadischen Stränden auf. Die Funde schürten in der Öffentlichkeit Panik und befeuerten Spekulationen in den Medien. Ging ein Serienmörder um? Hatte er etwas gegen Füße?

Im Laufe der nächsten zwölf Jahre wurden insgesamt 15 Füße an die Ufer der Salish Sea um Vancouver Island gespült. Sechs weitere tauchten im Puget Sound auf, der jenseits der Grenze auf dem Gebiet der Vereinigten Staaten liegt. Mit Ausnahme eines Fußes, der in einem alten Wanderstiefel steckte, handelte es sich bei allen um Turnschuhe. Die Turnschuh-Füße wurden berühmt, sie bekamen sogar ihren eigenen Wikipedia-Eintrag. Und mit dem Ruhm kamen die Streiche: Witzbolde steckten Hühnerknochen oder Knochen von Hundepfoten in Schuhe und verteilten sie an der kanadischen Küste.

Freiwillige Zeugen meldeten sich mit den unglaublichsten Theorien über den Ursprung der Füße bei der Polizei. »Wir erhalten einige sehr interessante Tipps über Serienmörder oder Container voller Migranten auf dem Meeresgrund. Selbst Außerirdische wurden genannt«, sagt Laura Yazedjian. Die forensische Anthropologin arbeitet im Coroners Service in British Columbia als Spezialistin für Identifikationen. »Und gelegentlich ist ein Hellseher dabei. Nein, eigentlich ruft jedes Mal ein Hellseher an, um seine Hilfe anzubieten.«

Doch diese Art von Geheimnis erfordert eben eine wissenschaftliche Herangehensweise, weniger kriminalistisches Gespür (oder gar einen Hellseher). Denn die Wissenschaft kann alle naheliegenden Fragen beantworten, wie etwa: Warum werden Füße und nicht ganze Körper angeschwemmt? Und warum tauchen sie an diesen speziellen Strandabschnitten auf? Doch welche Forscher sich damit beschäftigen sollten, ist keineswegs sofort ersichtlich. Um zu verstehen, wie die Füße dorthin kamen, müssen wir bei der Recherche unerwartete Wege gehen und ganz Unterschiedliches untersuchen, etwa Strömungsmechanik und Sinkvorgänge, die Verwesung von Schweinen bis hin zur Ausbreitung von Ölverschmutzungen.

Zuerst einmal müssen wir verstehen, was mit einer Leiche im Wasser geschieht. Folgen wir einmal den abenteuerlichen Wegen einer Leiche im Meer.

Sobald eine Leiche im Wasser ist, wird sie entweder schwimmen oder sinken. Das macht einen überraschenden Unterschied, da davon abhängt, was als Nächstes geschieht. Ein schwimmendes Objekt wird vom Wind und der Oberflächenströmung abgetrieben und vielleicht schnell an den Strand gespült. Ein sinkendes Objekt kann an Ort und Stelle bleiben oder durch Tiefenströmungen unvermutet weit abgetrieben werden. Darüber hinaus ist ein schwimmender Körper Luft ausgesetzt und verwest anders als einer, der sinkt, was sich ebenfalls auf die Füße auswirkt.

Man könnte annehmen, dass ein Ertrinkender, die Lungen voller Wasser, sofort sinkt, während eine Leiche mit luftgefüllten Lungen wie ein Floß abtreibt. Doch die Realität ist komplizierter. E. R. Donoghue vom Armed Forces Institute of Pathology versuchte 1977 in seinem Artikel *Human Body Buoyancy: A Study of 98 Men* (Schwimmkraft von Leichen: Eine Studie an 98 Männern) die Frage zu klären. Er griff dazu auf Daten zurück, die 1942 an »gesunden US-Navy-Matrosen im Alter von 20 bis 40« erhoben worden waren. Sie wurden unter Wasser festgehalten und gewogen, zuerst mit den Lungen voll Luft und dann, als sie möglichst viel ausgeatmet hatten. Auch für einen Matrosen ist es nicht einfach zu warten, bis man ohne Luft unter Wasser gewogen wird.

Mit den Lungen voll Luft schwammen alle Männer. Doch sobald ihre Lungen leer waren, wie das bei einer Leiche der Fall ist, sanken die meisten Männer, wenn sie sich im Süßwasser befanden; nur sieben Prozent schwammen. Salzwasser hat eine größere Auftriebskraft: Etwa 69 Prozent der Matrosen würden im Meer schwimmen, wenn sie tot und nackt wären, schätzte Donoghue. Doch schon etwas zusätzliches Gewicht – und schwere Kleider oder Wasser in den Lungen genügen – der Körper sinkt. Alles in allem legten die

Daten nahe, dass Leichen eher sinken als schwimmen und dass Ertrunkene mit großer Wahrscheinlichkeit sinken.

Ein versinkender Körper erreicht in der Regel auf direktem Wege den Grund. Manchmal bläht sich eine Unterwasserleiche allerdings auf wie ein Körper an Land und taucht wieder an der Oberfläche auf. Doch das passiert nicht in jedem Fall, berichtet Yazedjian, die Ermittlerin des Coroners Service. In einem tiefen See oder im Meer kann es auch sein, dass eine Leiche nie wieder auftaucht. Die Kälte im Tiefwasser verhindert die Verwesung, und der große Wasserdruck macht, dass sich Gase im Körper kaum ausdehnen, er also nicht aufgetrieben wird. Dabei verwandeln mikrobiologische Prozesse das Gewebe in Leichenwachs (Adipocire). Dieses Adipocire kann in einer sauerstoffarmen Umgebung Jahre, sogar Jahrhunderte überdauern.

Und genau dieses wächserne, seifige Gewebe entdeckte Yazedjian an den von ihr untersuchten Füßen, die in der Salish Sea gefunden worden waren, also in dem Meeresgebiet vor Vancouver Island und dem amerikanischen Bundesstaat Washington. Sie waren mit Adipocire bedeckt, was darauf hindeutet, dass die Leichen versanken und unter Wasser verwesten. Das könnte erklären, wo die Reste der Körper abgeblieben waren: Sie versanken und bleiben versunken.

Doch warum machten sich die Füße selbstständig?

Um zu verstehen, wie die Füße auf die Reise gingen, müssen wir wissen, wie sich eine Leiche unter Wasser zersetzt und ob Füße dazu neigen, aufzutauchen und abzutreiben. An verschiedenen Forschungsstätten in Amerika studieren Forensiker den Verwesungsprozess von Leichen, aber dies geschah stets an Land; keiner wagte es, eine Leiche ins Meer zu werfen.

Doch unsere Recherche endet nicht am Wasser. Im Sommer 2007 führte die Forensikerin Gail Anderson von der Simon Fraser University für das Canadian Police Research Centre eine Studie durch, um zu sehen, wie schnell ein Mordopfer im Meer verwest. Da die Ethikregeln es verbaten, einen menschlichen Körper zu verwenden, nahm sie ein totes Schwein, wie sie in der forensischen Forschung oft als Menschenersatz verwendet werden; sie sind ähnlich groß und in ihrer Biologie vergleichbar.

Noch besser: Anderson führte die Studie in der Salish Sea durch, nicht weit von dem Ort, an dem sechs Monate später der dritte Fuß auftauchen sollte.

Ihr Team warf das Schwein ins Wasser, und es sank sofort 95 Meter tief bis auf den Grund des Meeres. Was folgte, war nicht schön. Ein ungestümer Mob aus Garnelen, Hummern und Dungeness-Süßwasserkrabben fraß den Kadaver auf, beginnend an den »erwartbaren Stellen, der Anusregion und den Gesichtsöffnungen«, berichtete Anderson – als ob ein Meeresfrüchte-Büfett auferstanden wäre, um sich zu rächen.

Seitdem versenkte Anderson weitere Schweine an noch tieferen Stellen der Strait of Georgia, einem Hauptkanal der Salish Sea, und stellte fest, dass Aasfresser einen Kadaver in einigen Fällen in nur vier Tagen skelettierten.

Was mit den Füßen ist? Es stellte sich heraus, dass Meeres-Aasfresser wie Krebse um Knochen und andere feste Hindernisse herumfressen und das weichere Gewebe bevorzugen. Und im Gegensatz zu den knöchernen Kugelgelenken an den Hüften, bestehen unsere Knöchel vor allem aus weichem Material: Bänder und anderes Bindegewebe. Eine Leiche mit Schuhen wird in der Salish Sea also sehr wahrscheinlich von Aasfressern zerlegt, und die Füße lösen sich bald vom Rest des Körpers.

Wie mir Yazedjian anvertraute, wurden alle Füße, die an Küsten der Salish Sea gefunden wurden, anscheinend durch natürliche Prozesse wie Aasfraß und Verwesung von den Körpern gelöst. »Bitte sprechen Sie nicht von ›abgetrennten Füßen‹«, warnt sie mich. Abgetrennt hieße, dass sie jemand abgeschnitten hätte, erklärt sie, und der Coroners Service habe an keinem der Knochen auch nur eine Schnittspur gefunden.

Zudem würden insbesondere solche Füße, die Turnschuhe aus den letzten zehn Jahren tragen, mit ziemlicher Sicherheit schwimmen. Deren Sohlen enthalten meistens nicht nur luftgefüllte Taschen, wie einige der an den Küsten der Salish Sea gefundenen Turnschuhe, sondern der für die Sohlen verwendete Schaum wurde in dem betreffenden Zeitraum erheblich leichter und luftiger. Das heißt: Sie schwimmen.

Nun haben wir seefahrende Füße, beschuht und reisefertig. Aber wieso treiben sie ausgerechnet in der Salish Sea? Wenn sich Füße so leicht von toten Körpern lösen, wieso sind dann nicht überall die Strände mit ihnen übersät?

Der Mann, der vermutlich am besten weiß, wie und wo Dinge in der Salish Sea landen, ist Parker MacCready, Professor für Ozeanografie an der University of Washington in Seattle. Er erstellte eine dreidimensionale Computersimulation der Küstenmeere im Nordwesten Amerikas, inklusive der Salish Sea. »Sie ist sehr realistisch«, sagt er, »und ich spreche hier von realistischen Tiden, Winden, Flüssen und Umweltbedingungen.« Die Simulation heißt Live Ocean, und während wir miteinander telefonieren, folgen wir ihr beide auf seiner Website: Auf der Karte schwappt – dem Wetter und der Tide des Tages entsprechend – helles Wasser herum.

MacCready kann mit dem Modell eine für drei Tage gültige Vorhersage treffen, wohin ein Ölteppich wandern würde. Während wir zusehen, tauchen bei Seattle und Tacoma schwarze Kleckse auf. Die hypothetische Ölpest breitet sich auf regenbogenfarbenen Wirbeln, die Strömungen mit verschiedenen Salzgehalten darstellen, sofort nach Norden in den Puget Sound aus. Die Kleckse lösen sich in dünne Bänder und Punkte auf und verteilen sich mit den Tiden und Strömungen in alle Richtungen.

Wie sich herausstellt, ist die Simulation ein wichtiger Schlüssel zur Lösung des Rätsels. Sie erklärt, warum gerade an diesen Küsten so viele Füße angespült werden. Warum? Weil die Bedingungen dafür in der Salish Sea ideal sind.

Die Dinge fügen sich zusammen. Erstens gibt es ein ungewöhnlich großes und komplexes Küstengewässer, das wie eine Falle wirkt. MacCreadys Modell zeigt: Sobald etwas in die Salish Sea gerät, wird es dort irgendwo an Land gespült. Zweitens kommen die vorherrschenden Winde aus Osten, die Dinge vom Meer an Land treiben und nicht hinaus auf das Meer. Und schließlich gibt es etwas, das sein Modell nicht zeigen kann, worauf er mich aber aufmerksam macht: An den Stränden des Pazifiks sieht man viele Leute mit Turnschuhen, die dort gern über glitschige Felsen wandern. Diese Faktoren ergeben – nimmt man das kalte, tiefe Meer und eine gesunde Aasfresserpopulation hinzu – gerade die Salish Sea zum idealen Fußmagneten.

Doch zu wem gehörten die Füße in der Salish Sea? Als Erstes sahen die Ermittler in den Vermisstenmeldungen nach. Der Coroners Service verglich die DNS der Füße bis jetzt mit der von über 500 in British Columbia vermissten Personen, zudem mit dem neuen National Missing Persons DNA Program Kanadas, das 2018 startete.

Damit konnte das Team neun der Füße sieben Vermissten zuordnen. Bei zweien von ihnen wurden beide Füße gefunden. Die meisten galten seit über einem Jahr als vermisst. Der am längsten Vermisste verschwand 1985, sein Fuß wurde in einem Wanderstiefel 2011 gefunden. Der jüngste Fall ist der eines Manns, der 2016 verschwand. Sein Fuß wurde 2019 im Puget Sound an das Ufer einer Insel gespült.

Der Coroners Service in British Columbia berichtet, dass so weit keiner der kanadischen Fälle mit einem Mord in Zusammenhang gebracht werden konnte. In einigen Fällen starb die Person durch einen Unfall oder durch Selbstmord, so wie eine Frau, die von einer Brücke sprang. Doch nicht immer waren die Umstände so eindeutig. Im Fall des jungen Manns, dessen Fuß 2019 im Puget Sound auftauchte, schließt die Polizei in den USA weder Mord noch Selbstmord aus. Und wenn jemand ohne Zeugen verschwindet, ist es fast unmöglich, allein aus dem Fuß auf die Todesursache zu schließen.

Bis zu diesem Artikel konnten nur fünf der Füße in British Columbia nicht eindeutig zugeordnet werden.

Zweifelsohne werden nun einige enttäuscht sein, dass an der felsigen Küste im Nordwesten kein Serienmörder umging. Obwohl *Das Geheimnis der körperlosen Füße* ein großartiger Titel wäre, wird es wohl keine Netflix-Dokumentation geben – man stelle sich vor, die Produzenten erkennen, dass der Film überwiegend Krebse zeigen würde, die Schweinsgedärm über den Meeresboden schleifen, statt lange Einstellungen auf das Highschool-Jahrbuchfoto eines Serienmörders.

Das unterscheidet den Couch-CSI-Fan von einem wahrhaften Forensik-Interessierten: Ein Wissenschaftler will die richtige Antwort wissen, auch wenn sie prosaisch ist. Doch ist es nicht spannend, dass uns die Natur Hinweise für Fälle liefert, die ansonsten vermutlich unaufgeklärt blieben? Noch Jahre später kann vielleicht ein Vermisster gefunden und dessen oder deren Tod untersucht werden, nur aufgrund der absonderlichen Kombination von Fußphysiologie, Aasfresserverhalten und Schuhtechnologie.

Wenn wir solchen unerwarteten Hinweisen geduldig und mutig folgen, führen sie uns manchmal an Orte, die wir nie von selbst aufgesucht hätten. Und manchmal tragen sie dabei Turnschuhe.

Teil zwei

GEBROCHENE

TABUS

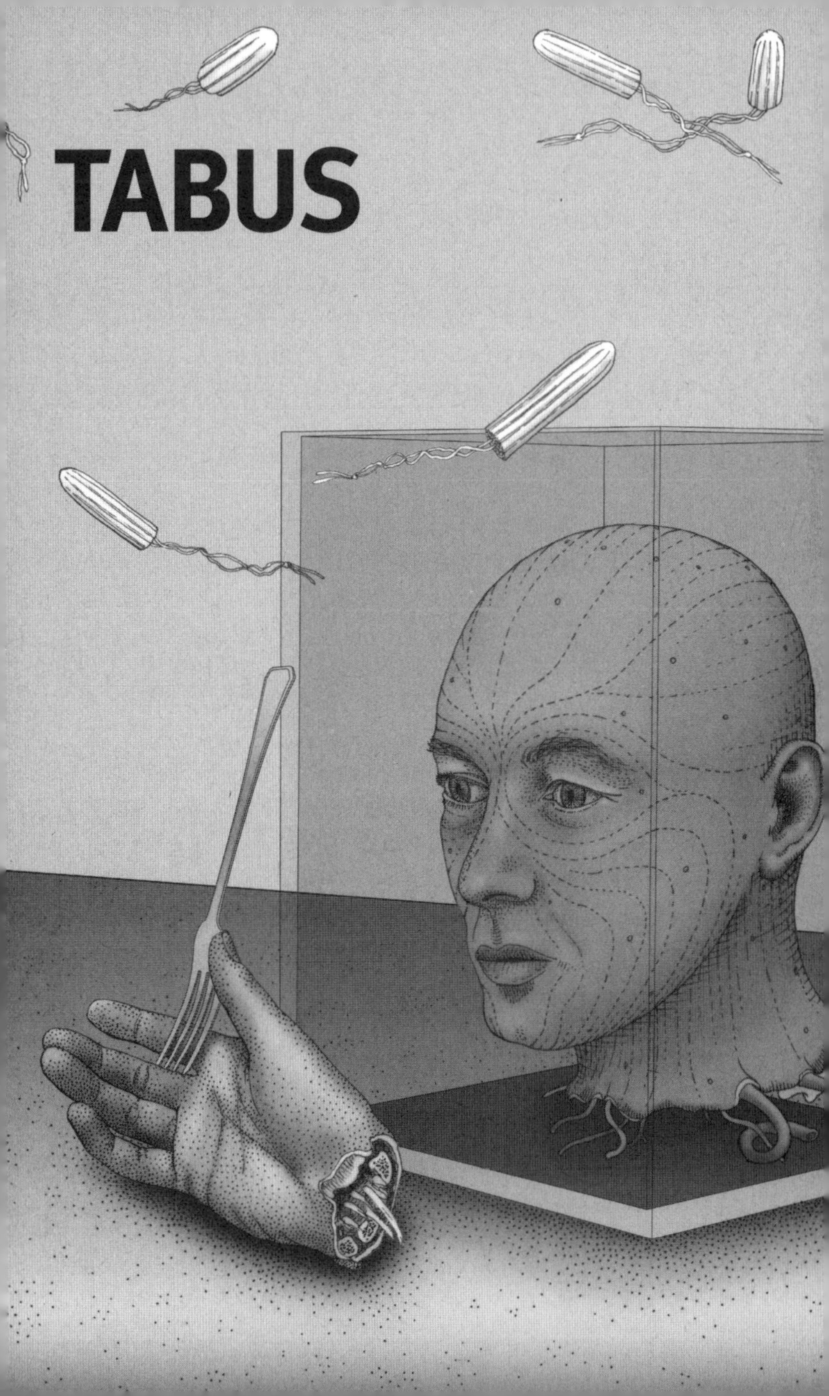

Die ultimativen Tabus

Wenn Wissenschaft auf innerste Hemmung trifft

»Tabu« ist ein die Fantasie anregendes Wort, denn es verspricht Versuchungen und Geheimnisse zugleich. Wir dürfen der polynesischen Inselnation Tonga dafür danken, dass sie die europäischen Sprachen zu einer neuen Umschreibung für »verboten« oder »untersagt« inspirierte – vergleichsweise bedeutungsarme, von einem autoritären Geist erschaffene Begriffe, denen der spirituelle und moralische Reichtum von »Tabu« völlig abgeht.

Wir können auch dem britischen Forscher Kapitän James Cook für seine holperige Übertragung danken. Der Name der Hauptinsel Tongas ist Tongatapu mit kurzem »u«, aber Cook hörte hier offensichtlich ein langes »u«, genauso wie beim tongaischen Wort »tapu« für das »Verbotene«, und gab es so auch weiter.

Polynesien mag die Semantik des Konzepts beigesteuert haben, doch jede Kultur besitzt eine eigene Vorstellung von Tabus, also von Handlungen oder Ideen, die moralisch oder religiös verboten (oder in vielen Fällen aus dem öffentlichen Diskurs verbannt) sind. Und genau wie das, was als abscheulich oder eklig empfunden wird, sich von Ort zu Ort unterscheidet, aber im Allgemeinen bestimmte Themen betrifft, hängt das, was für tabu gehalten wird, davon ab, wo Sie aufwachsen, und weist dahingehend Gemeinsamkeiten auf.

Normalerweise werden Tod und Mord mit Tabus belegt, Sex und Fortpflanzung (inklusive Inzest), die Toten (inklusive Nekrophilie) oder verschiedene Nahrungsmittel (inklusive Kannibalismus, weil dabei Nahrung und die Toten fest verbunden sind). Auch unsere Körper und die Vorstellungen von Sauberkeit oder Reinheit spielen eine prominente Rolle.

Auf seinen Reisen in den Pazifik sah Cook, wie komplex Tabus sein können. Als er einige hochrangige Tongaer auf sein Schiff zum Essen einlud, »setzte sich nicht einer meiner Gäste hin oder aß irgendetwas von dem, was da war«, schrieb er. Anscheinend war jedes mit Wasser zubereitete Essen oder Getränk unter bestimmten Umständen tabu. Denn etwas von Hand Zubereitetes zu essen, wenn der Betreffende zuvor die Leiche eines toten Häuptlings gewaschen hatte, war tabu, weswegen die Leichenwäscher einige Monate lang buchstäblich gefüttert werden mussten. Als Cook bei einer Zeremonie erklärt wurde, bestimmte Körbe seien tabu, war er erstaunt, dass das Tabu nach Abschluss der Zeremonie offenbar nicht mehr galt, und er verstand, dass das Wort eine Doppelbedeutung hatte: Es konnte sowohl etwas Verbotenes als auch etwas Heiliges bezeichnen.[8]

Oft haben Tabus eine moralische oder religiöse Begründung, ob nun in Tonga oder sonst wo in der Welt. Einige dienen auch praktischen Zwecken und schützen vor potenzieller Ansteckung, Schikanen oder anderen Kalamitäten. Eine verwesende Leiche zu berühren und dann sofort etwas zu essen, macht krank, das mögen die Tongaer erkannt haben und daher verboten sie jenen das Essen, die mit ihren Händen direkten Kontakt mit einer Leiche hatten – vielleicht lästig, aber sicher effektiv.

Mithilfe der Wissenschaft lässt sich manchmal die Logik hinter einem Tabu ergründen, wie die bezüglich der Leichen, etwa indem man eine Erklärung für den Ausgangspunkt eines Tabus findet. Aber genauso oft fordern Wissenschaftler kulturelle Überzeugungen heraus. Die Gentechnik wird heute von vielen als Weg zur Schaffung von »Designerbabys« und

»Kunstnahrung« verunglimpft; ihre Anwender werden manchmal beschuldigt, Gott zu spielen oder in die Natur einzugreifen – wobei beides wohl auf im Westen tief verwurzelte Tabus zurückgeht. Medizinische Forschung mit embryonalen Stammzellen verspricht Heilung für Krankheiten, kollidiert jedoch mit Abtreibungstabus. Und in einem Staat, in dem der Führerschein auch Organspendeausweis ist, vergisst man leicht, dass Organtransplantationen anfangs sehr umstritten waren – und es in einigen Teilen dieser Welt noch sind.

In Japan fand zum Beispiel die erste legale[9] Herztransplantation erst 1999 statt, über drei Jahrzehnte nach der weltweit ersten derartigen Operation. Grund war ein Tabu, das die Entnahme eines Herzens, das noch schlug, von einem hirntoten Spender verbot: Ein Mensch galt nicht als tot, solange sein Herz noch schlug.

In den letzten zehn Jahren sahen wir eine Flut von Transplantationen, die zuvor undenkbar gewesen wären: Hände, Gesichter und als Letztes 2018 die erste Penis- und Hodensacktransplantation bei einem Soldaten, dessen Genitalien in Afghanistan durch eine Sprengfalle weggerissen worden waren.

Lange Zeit war die Verpflanzung solcher Körperteile verboten, nicht nur wegen der Risiken, sondern auch, weil sie Körpertabus verletzten. Eine verpflanzte Niere oder Leber, die im Körper unsichtbar ist, war eine Sache. Doch die Hand oder das Gesicht einer Person an einer anderen zu sehen (geschweige denn Sex mit dem Penis eines anderen Mannes zu haben), verstörte viele Menschen. Es *fühlte* sich einfach falsch an.

Heute werden auch Transplantationen gut sichtbarer Körperteile immer üblicher und akzeptierter. (2018 fand sich sogar eine Frau mit einem transplantierten Gesicht auf dem

Titel der Zeitschrift *National Geographic.*) Doch auch wenn sich Tabus verändern, werden sie nicht einfach beiseite gefegt. Als die Ärzte am Johns-Hopkins-Krankenhaus die Penis-Hodensack-Transplantation durchführten, war das nicht ohne: Der Hodensack war leer. Anscheinend waren die Chirurgen nicht gewillt, ein Sex-Tabu zu brechen und Hoden zu verpflanzen. Sie berieten sich mit Bioethikern und stellten fest, dass in diesem Fall der Empfänger mit dem Sperma des Spenders Babys zeugen könnte, deren biologischer Vater tot war. Und das ginge zu weit, entschied das Team am Johns-Hopkins-Krankenhaus.

Dasselbe gilt für die Transplantation eines Kopfs, was noch nie bei einem Menschen versucht wurde (auch wenn es theoretisch Leben retten oder verlängern könnte). Vor einigen Jahren traf ich den todkranken Russen Valery Spiridonov, der seinen Kopf auf einen neuen Körper setzen lassen wollte. Spiridonov leidet am Werdnig-Hoffmann-Syndrom, also spinaler Muskelatropie, einem progressiven und letztendlich tödlichen Muskelschwund, bei dem der Verstand völlig intakt bleibt. Der italienische Arzt Sergio Canavero wollte die Operation vornehmen. Er schlug vor, Spiridonovs Kopf auf den gesunden Körper eines hirntoten Spenders zu setzen. Canavero sieht sich selbst als ärztlichen Erlöser, der im Kampf gegen den Tod mutig Tabus bricht, während viele andere seinen Plan schlicht für monströs halten.

Mit einer Kopf- oder Hirntransplantation betritt man nicht nur Neuland, sondern geradezu einen Morast aus ethischen Fragen. Das fängt mit dem Problem an, die Einwilligung eines hirntoten Körperspenders zu erhalten. (Spenden Menschen ihren Körper der Wissenschaft, gehen sie vermutlich nicht davon aus, dass der Kopf eines anderen einmal damit herumspaziert.) Dann ist da die Frage, wer dieser neu zusammengesetzte Mensch ist. Ist eine Persönlichkeit im Hirn verankert oder im Körper – oder in beidem?

Doch Canavero hat in einem recht: Wir sollten dringend darüber nachdenken, welche Tabus wir im Namen des Fortschritts zu brechen bereit sind. Schließlich könnte jemand eine solche Transplantation eines Tages tatsächlich beim Menschen versuchen – so wie 2018 der chinesische Wissenschaftler He Jiankui das Erbgut in den Embryos von Zwillingsmädchen veränderte, um sie gegen HIV zu immunisieren. Die Geburt der ersten Babys mit künstlich verändertem Genom war begleitet von einem internationalen Proteststurm. (Die DNS menschlicher Embryonen zu verändern, gilt als erster Schritt zur Schaffung genetisch überlegener »Designerbabys«.)

Bemerkenswert ist, dass bedeutende Teile der CRISPR-Methode, die He 2018 anwandte, erst 2013 erstmals publiziert wurden. Folglich vergingen nur fünf Jahre, bis das größtmögliche daraus resultierende Tabu gebrochen wurde. Nichts anderes wäre eine derart extreme Transplantation. Obwohl eine Kopftransplantation eine enorme technische und logistische Herausforderung darstellt, bräuchte es dazu keinen technologischen Durchbruch, wie ihn die Gentechnik darstellt. Canaveros Ansatz käme mit den bestehenden chirurgischen Verfahren und Immunsuppressiva aus.

Vor einer möglichen Umsetzung des Plans gibt es allerdings viele ethische, religiöse und praktische Bedenken zu überwinden. Doch die Geschichte lehrt uns, dass es für die Wissenschaft schwer ist, eine einmal geöffnete Tür wieder zu schließen. Die ersten gentechnisch veränderten Babys wurden auf dem Second International Summit on Human Genome Editing angekündigt, dem Zweiten Internationalen Gipfel zur Genmanipulation am Menschen. Die dort anwesenden Wissenschaftler verurteilten die Eingriffe einhellig, votierten aber auch gegen ein völliges Moratorium gentechnischer Forschung am Menschen. Schließlich hat die Technologie das Potenzial, tödliche Krankheiten wie die Erbkrankheit Chorea Huntington zu verhindern. Hat eine Kopftransplantation erst einmal ein Leben verlängert, könnte es ebenfalls schwer werden, todkranke Menschen davon abzubringen, sich dem ebenfalls auszusetzen. Wir müssen uns also entscheiden, wie weit wir gehen wollen, um Leben zu retten.

Und das ist bei Weitem nicht das einzige Tabu, das derzeit unter Beschuss gerät. Ob nun bezüglich Sex, Tod oder Essen, weltweit ringen Menschen darum, welche Verbote eine nützliche soziale Funktion erfüllen und welche langsam etwas antiquiert wirken. Wenn es um Mord geht, werden die Tabus vermutlich nicht so bald fallen, obwohl wir weiter unten sehen werden, dass die Wissenschaft gerade neu verhandelt, wie sehr unsere Neigung zur Gewalt angesichts unserer evolutionären Abstammung »natürlich« ist. Auch Kannibalismus und Nekrophilie sind noch immer starke Tabus – obwohl wir wie bei Mord inzwischen erkennen müssen, dass beides im Tierreich weiter verbreitet ist als angenommen.

Aktuell geraten andere Tabus – vor allem solche, bei denen es sich um Sex und Frauenkörper dreht – ins Wanken. Seit Jahrtausenden gilt so ziemlich alles, was mit dem Intimbereich der Frau zu tun hat, bis zu einem gewissen Grad als tabu. In Teilen Südasiens wurden Frauen während ihrer Menstruation lange aus der Küche oder gänzlich aus dem Haus verbannt. Und lange machte die westliche Medizin mit der Anatomie der Frau kurzen Prozess, sodass sie nicht einmal in die Lehrbücher kam. Was als Tabu gilt, das ändert sich allerdings gerade in Bezug auf die Frauenforschung, da die wachsende Zahl von Frauen in der Wissenschaft und

Medizin für ein Mehr an Forschung zur weiblichen Physiologie sorgt. Stück für Stück fallen die Tabus, die den Frauenkörper in einen Mantel des Schweigens hüllen.

Viele Tabu-Bereiche sind noch von der Wissenschaft zu erforschen. Ob nun Sex, Kannibalismus oder Mord, Forscher bleiben neugierig genug, um unsere Grenzen zu erweitern.

Es ist schwer, einen Kopf zu bekommen

Die unvorstellbarste Operation der Welt

Valery Spiridonov wirkt unglaublich klein. Er ist ganz in weiß gekleidet, vom Hemd über die Hose bis zu den Socken. Über den Schoß liegt eine weiße Decke gebreitet. Nur der schwarze Gurt, der ihn im Elektrorollstuhl hält, durchbricht das Weiß. Spriridonovs Zustand ist ernst: Er hat eine seltene degenerative Erkrankung der motorischen Nervenzellen, eine spinale Muskelatrophie, die ihn langsam umbringt.

Mit der linken Hand, die er noch benutzen kann, lenkt Spiridonov den Rollstuhl in den Konferenzraum eines Hotels. Dort bestätigt er, dass er gerne der erste Mensch wäre, dessen Kopf auf einen neuen Körper transplantiert wird.

Es ist der 12. Juni 2015, Spiridonov, 30, ist von Russland nach Annapolis in Maryland geflogen, um an der Jahrestagung der *American Academy of Neurological and Orthopaedic Surgeons (AANOS)* teilzunehmen. Dort will er den Chirurgen Sergio Canavero aus Turin in seinem Vorhaben unterstützen, die Transplantation vorzunehmen, weshalb er auf der Konferenz die Grundsatzrede hält.

Die Tagung ist klein, mit vielleicht 100 oder weniger teilnehmenden Chirurgen. Sie findet in einem gewöhnlichen Westin Hotel statt. Bei meiner Ankunft gibt Canavero gerade in der Lobby eine kleine, improvisierte Pressekonferenz; er feuert die Journalisten an wie ein Trainer die Mannschaft vor einem Spiel. Die Konferenzorganisatorin Maggie Kearney ist vorbereitet auf einen überfüllten Raum, denn sie hat den ganzen Tag über Reporter abweisen müssen –

während ihrer Erinnerung nach in den vergangenen fünfzehn Jahren nicht ein einziger Journalist je von der Konferenz berichten wollte.

In seiner fast dreistündigen Rede fasst Canavero die wissenschaftliche Literatur zu Rückenmarksverletzungen und möglichen Heilverfahren zusammen sowie zum Potenzial von Teilen des zentralen Nervensystems, wieder nachzuwachsen. Er verteidigt seine Überzeugung, dass einige der Grundannahmen der Neurochirurgie falsch seien. Gelegentlich zeigt er auf Spiridonov, der im Rollstuhl auf dem Podium sitzt, und erklärt: »Propriospinale Neuronen sind der Schlüssel, der ihn wieder laufen lassen wird!« Am Ende scheinen die meisten Reporter im Raum erschöpft zu sein.

Als Reaktion auf kritische Kommentare, die Transplantation sei »schlimmer als der Tod« oder könne den Patienten in den Irrsinn treiben, fragt Canavero Spiridonov direkt: »Meinen Sie nicht auch, dass Ihr Zustand Sie in den Wahnsinn treiben könnte?« Spiridonov bejaht leise.

»Sicher werden Gentherapie und Stammzellen eines Tages die Hoffnungen erfüllen«, sagt Canavero, »aber für diesen Mann wird das zu spät sein.«

Zuletzt umreißt Canavero die anstehende Operation. Er plant, das Rückenmark mit einem speziellen, nanoscharfen Skalpell sauber zu durchtrennen. (Ich kann Spiridonovs Reaktion darauf nicht sehen, bin aber gespannt.) Um das Absterben der Zellen an den Enden während der Verpflanzung zu minimieren, will er Spiridonovs Rückgrat etwas tiefer und das des Spenderkörpers etwas höher abschneiden, um sie dann nochmals frisch anzuschneiden. Dann wird er sie mit etwas Polyethylenglycol benetzen, das bei Tieren nachweislich das Nervenwachstum stimuliert, und die beiden Enden mit einem speziellen Konnektor verbinden – und voilà! Eine Elektrostimulation werde das Wachstum weiter fördern.

Ein wichtiger Punkt dieses Szenarios ist die Wiederherstellung des durchtrennten Rückenmarks, die dem Hirn der einen Person erlaube, den Körper der anderen zu steuern. Die Signale dafür müssten vom Hirn in den Körper fließen und umgekehrt. Natürlich müssten auch die Blutgefäße verbunden und das Hirn während der Operation mit Sauerstoff versorgt werden und so weiter. Doch Canavero ist Neurochirurg, er ist auf das Rückenmark fokussiert. Er verweist auf erfolgreiche Gesichts- und Handtransplantationen sowie auf mikrochirurgische Verfahren, mit denen Nerven und Muskeln zur Wiederherstellung der Bewegungsfähigkeit verbunden werden.

Die große medizinische Frage, so scheint es, ist nicht so sehr, ob die Leitungen zweier Körper miteinander verbunden werden können, sondern ob und wie lange die entstehende Person überleben wird und ob sie so etwas wie eine akzeptable Lebensqualität haben kann. Und natürlich gibt es das Problem der Gewebeabstoßung, das die lebenslange Einnahme von Immunsuppressiva notwendig mache.

Doch Canavero mangelt es nicht an Zuversicht. Er lädt die Chirurgen auf der Tagung ein, sich seinem Team anzuschließen, das enorm groß sein wird – über 100, sagt er. Er plant, Teamleiter für Orthopädie, Gefäßchirurgie etc. zu ernennen. Die Chirurgen sollen an dem Projekt zwei Jahre lang in Vollzeit arbeiten. Die Ärzte würden »fürstlich honoriert, da ich denke, daran beteiligte Ärzte sollten besser bezahlt werden als Fußballer«. (Bis dato scheinen diese immensen Summen jedoch nicht geflossen zu sein.)

Die Neurochirurgen reagieren mit Zurückhaltung auf den Vorschlag. Eine solche Operation könnte durchführbar sein, »irgendwann einmal, aber das ist eine wirklich heikle

Sache«, sagt Kazem Fathie, ein ehemaliger Vorsitzender der AANOS. Craig Clark, ein Neurochirurg aus Greenwood in Mississippi, hält Canaveros Idee für reine Provokation: »Im Laufe der Jahre gab es viele Studien, die eine Regeneration zeigten, aber in der klinischen Anwendung haben sie sich aus verschiedenen Gründen nicht bewährt.«

Obwohl der Neurochirurg Quirico Torres aus Abilene in Texas einräumt, die Operation werfe viele ethische Fragen auf, vertritt er die Meinung, es könne sinnvoll sein, Freiwilligen zu erlauben, sich dem zu unterziehen. Eines Tages könnten wir sie als normal betrachten: »Erinnern Sie sich, vor Jahren wurde Bill Gates gefragt: Für was benötigt man Computer? Nun können wir ohne sie nicht leben.«

Nach der Rede zieht sich Spiridonov für eine kurze Pause zurück. Dann aber stellt er sich den Fernsehteams und klingt etwas überdrüssig, immer die gleichen Fragen zu beantworten. »Was geschieht, wenn Sie nicht operiert werden?«, ruft ein Journalist. »Mein Leben wird ziemlich düster sein«, sagt er. »Meine Muskeln werden immer schwächer. Das ist beängstigend.«

Während Spiridonov mit der Presse beschäftigt ist, plaudere ich mit seinen Gastgebern, Freunden seiner Familie. »Er ist brillant, glücklich und ein lustiger Kerl«, sagt Briana Alessi. »Wenn die Operation erfolgreich durchgeführt wird, bekommt er ein Leben. Ein völlig anderes Leben. Er wird Dinge tun können, von denen er jetzt nur träumen kann.«

Und wenn nicht? »Er ergreift eine Chance, so oder so«, sagt sie.

Die letzte Frage an Spiridonov ist: »Was sagen Sie Menschen, die finden, diese Operation sollte nicht stattfinden?«

Er antwortet: »Vielleicht sollten sie sich in meine Situation versetzen.«

An der Speerspitze der Technologie: Eigentlich wären Kopftransplantationen nur ein erster Schritt in Richtung eines größeren Ziels von Canavero: lebensverlängernde Maßnahmen. Seit Jahrzehnten grübeln Futuristen wie Ray Kurzweil darüber nach, wie man das Altern bekämpft. Mindestens einige Hundert Menschen ließen bereits Kopf oder Körper einfrieren, in der Hoffnung, dass die Wissenschaft einmal den Tod besiegen wird. Canavero bevorzugt, das Hirn in einem gesünderen Körper am Leben zu erhalten. Er nimmt an, dass wir eines Tages in der Lage sind, hirnlose Körper zu klonen und unsere Hirne hineinzuverpflanzen. Bei genetisch identischen Körpern sei die Gewebeabstoßung kein Problem mehr.

Doch viele Normen und Tabus werfen Fragen auf. Schon jede Hirn- oder Kopftransplantation tut dies: Wie definieren wir Tod? Wie gehen wir mit toten Körpern um? Laut Canavero müssten wir bei Kopftransplantationen den Ekelfaktor überwinden wie zuvor bei anderen Körperteilen. Denn die Operation könne das Leben todkranker Patienten retten. Über hirnlose Klone schrieb er etwa im Journal *AJOB Neuroscience*: »Das ist fraglos ein Thema für eine breite gesellschaftliche Diskussion.«

Als ich zuletzt Ende 2018 mit ihm e-mailte, war Canavero so optimistisch wie immer, was die Aussicht auf eine Kopftransplantation betraf – aber noch hatte sie nicht stattgefunden. Er erklärte, er teile den Medien zum Projekt HEAVEN keine Details mehr mit und habe seine Arbeit nach China verlagert, was ihm Forschung ermögliche, trotz der weltweit wachsenden Bedenken hinsichtlich der ethischen Bedingungen.

»Leider«, schrieb er, »darf ich keine Details über HEAVEN verraten, da sich die UNESCO unter dem Druck des Vatikans und einiger akademischer Organisationen dem Projekt widersetzt ... das Publikwerden einer ersten Kopftransplantation an menschlichen Leichen letztes Jahr schreckte alle auf.«

In einer anderen Nachricht erwähnte er die nächste »Evolutionsstufe« von HEAVEN: eine Hirntransplantation – oder quasi eine meningoenzephalosomatische Anastomose. Eine Anastomose ist die Verbindung zweier Gefäße, auch von Blutgefäßen – doch hier spricht er vom Hirn und den umgebenden Membranen (»meningoencephalo«) und einem neuen Körper (»somatisch«). Canavero geht nicht detailliert darauf ein, wie kurz er vor so einem Versuch steht oder ob er einen Patienten hat.

Bei seinem ehemaligen Patienten Valery Spiridonov hat sich seit der Pressekonferenz 2015 viel verändert und viel ist gleich geblieben. Sein Kopf ist allerdings immer noch auf demselben Körper.

Als sich Spiridonov 2015 als Freiwilliger für die Kopftransplantation meldete, lebte er bereits zehn Jahre länger als viele andere mit seiner Diagnose. Anfang 2019 ging es ihm unverändert gut. Noch immer sitzt er im Rollstuhl, doch auf einem Instagram-Foto aus der Eremitage in St. Petersburg sieht er in schwarz-weißer Lederjacke und Jeans, mit übereinander geschlagenen Beinen flott aus. In einem anderen Foto mit den Hashtags #familytime und #babyboy bestaunt er ein Baby im Kinderwagen. Genau: Spiridonov wurde Vater.

Er verabschiedete sich 2017 von Canaveros Transplantationsvorhaben, als Canavero mit seinen Plänen nach China ging. Seine Lebenserwartung ist aufgrund seines unheilbaren Gendefekts verkürzt. Aber im April 2019 erzählte er *Good Morning Britain* in einem seiner seltenen Interviews, dass sich sein Zustand stabilisiert habe und es zu viel Lebenswertes gäbe, um so eine Operation zu riskieren. Mit seiner schönen neuen Frau hat er einen gesunden Jungen, was er ein »Wunder« nennt: Das Kind erbte seine Krankheit nicht. Er zog mit seiner Familie nach Florida, wo er als Forschungsassistent an der Florida Atlantic University im Bereich Informatik arbeitet. Eines seiner Projekte: ein Autopilot für Rollstühle. Derzeit ist er bei einer Technologiefirma in Florida beschäftigt.

Spiridonovs Geschichte wirft so viele Fragen zu Kopftransplantationen auf, wie sie hätte beantworten können. Wenn Canavero die Operation 2017 vollzogen hätte, wäre Spiridonov dann auf dem Operationstisch gestorben oder gleich danach? Oder hätte er überlebt, zumindest kurz, voller Hoffnung, eines Tages wieder gehen zu können? Wir werden es nie wissen. Ist es besser, im eigenen Körper glücklich zu sein, wie kurz auch immer, oder in einem anderen länger zu leben? Eine schwierige Entscheidung – für einen selbst und umso mehr für einen anderen.

Was wir von Canavero und Spiridonov lernen können, ist, dass es eine einzigartige und völlig individuelle Sache ist, dem Tod ins Auge zu sehen. Wenn wir uns entscheiden müssen, können wir die Tabus in den Wind schlagen oder uns von der Konvention leiten lassen. Das einzig Universelle ist der Tod. Wie und wann wir gegen ihn kämpfen, ist eine Frage, die wir alle für uns selbst beantworten müssen.

Eine kopflastige Geschichte

Als Sergio Canavero seine Pläne ankündigte, einen Menschenkopf zu verpflanzen, war vielen Menschen nicht klar, dass bereits seit über einem Jahrhundert in dieser Richtung experimentiert wird. Es gab sogar gewisse grauenhafte Erfolge – zumindest im chirurgischen Sinn.

1908: Charles Guthrie pfropfte den Kopf eines Hunds auf den Hals eines anderen und verband die Arterien, sodass zuerst der aufgesetzte und dann der eigentliche Kopf mit Blut versorgt wurde. Der verpflanzte Kopf blieb 20 Minuten ohne Blutversorgung und bewegte sich nur minimal.

1923: In Wien verpflanzte der Biologe Walter Finkler in einer Reihe von Experimenten Insektenköpfe auf andere Körper, auch auf die anderer Arten. Finklers Experimente wurden damals in der Zeitschrift *Nature* breit diskutiert. Der Forscher J. T. Cunningham aus London berichtete, er habe Köpfe von Mehlwürmern ausgetauscht. Die Köpfe starben, die Körper lebten aber einige Tage weiter. »Das einzig Bemerkenswerte an diesen Versuchen war die Zähigkeit des Lebens der Insektenkörper nach der Enthauptung«, schrieb er. Dennoch waren einige der Kopftransplantationen an Insekten erfolgreich. Bis heute erforschen Biologen auf diese Weise den Einfluss der Insektenhirne auf die Produktion von Hormonen, die den Stoffwechsel und die Entwicklung steuern. Finkler behauptete jedenfalls, dass die neuen Köpfe die Körper kontrolliert hätten und dass männliche Körper mit weiblichen Köpfen weibliches Verhalten zeigten. Da Kreislauf und Nervensystem bei Insekten wesentlich einfacher sind als bei Säugetieren, tat er nichts anderes, als die Köpfe mit einer scharfen Schere abzuschneiden und sie mit dem winzigen Tropfen austretender Flüssigkeit neu anzukleben: nicht zur Nachahmung empfohlen.

1950er-Jahre: Wladimir Demichow, ein Pionier der Herz- und Lungentransplantation beim Menschen, pfropfte Vorderkörper von jungen Hunden auf die Schultern anderer und schuf so Hunde mit zwei Köpfen, die sich beide bewegen, sehen und sogar Wasser auflecken konnten. Ohne Immunsuppressiva lebten die meisten nur wenige Tage (außer einem, der 29 Tage durchhielt). Damals war niemand über die Experimente glücklich. Selbst ein Nachruf auf Dr. Demichow merkte an, dass andere Chirurgen den medizinischen Wert seiner Versuche nicht recht nachvollziehen konnten.

1965: Robert White vom Cleveland Metropolitan General Hospital pflanzt die Hirne von sechs Hunden in die Hälse von anderen, um zu zeigen, dass diese in einem anderen Körper am Leben gehalten werden können. Das EEG zeigte Hirnströme und sie nahmen Sauerstoff sowie Glucose auf. (Was sie wohl für sich daraus machten, in einem fremden Körper gefangen zu sein?)

1970: Robert White verpflanzte den ganzen Kopf eines Rhesusaffen auf den Körper eines anderen. Laut White konnte der Affe sehen, hören und schmecken. Aber White versuchte nicht, das Rückenmark zu verbinden; das Tier blieb vom Hals abwärts gelähmt. Verschiedenen Berichten zufolge lebte der Affe drei bis neun Tage.

2002: In Japan pfropften Wissenschaftler Babyrattenköpfe auf die Oberschenkel ausgewachsener Tiere, um eine Methode zur Kühlung der Hirne zu testen, die Schäden durch Sauerstoffmangel vermeidet. Die Hirne entwickelten sich noch drei Wochen lang.

2013: Sergio Canavero plant die Transplantation eines menschlichen Kopfs. In der Zeitschrift *Surgical Neurology International* umreißt er ein Verfahren mit einem minimal schädigenden, glatten Schnitt durch das Rückenmark und dem Einsatz von Polyethylenglycol, um das Rückenmark zu verschmelzen.

2014: Canaveros Mitarbeiter Re Xiaoping und seine Kollegen in China berichteten von einem Kopftausch an Mäusen, durch den eine weiße Maus mit einem schwarzen Kopf und eine schwarze mit weißem entstanden. Die Mäuse lebten drei Stunden, nachdem sie vom Beatmungsgerät getrennt wurden. Weil der Hirnstamm des Spenderkörpers erhalten blieb, konnte der Körper den Herzschlag und die Atmung weiter kontrollieren.

2015: Canavero gibt Details zu seiner Kopftransplantation preis. Er will den Kopf und den Spenderkörper kühlen, um Zellschäden durch den Sauerstoffmangel zu begrenzen, und das Rückenmark mit Polyethylenglycol und Elektrostimulation in einem GEMINI genannten Verfahren verbinden.

2017: An der Medizinischen Universität Harbin in China verpflanzt ein Team um Canavero und Ren den ersten menschlichen Kopf – an Leichen. Die Operation dauert 18 Stunden und ist als ein Verfahrenstest für eine Operation am lebenden Patienten einzuordnen. »Diese Probe bestätigte die Machbarkeit [...] und validierte den Operationsplan«, berichteten sie.

Die mörderischsten Säugetiere

Enthüllung: unsere furchtbarsten Mörder!

Stellen Sie sich das mörderischste Säugetier der Welt vor. Nicht das effektivste Raubtier, das seine Beute mit einem einzigen Hieb seiner Klauen reißt, sondern dasjenige, das die größte Zahl von Artgenossen mordet. Sehen Sie gerade den Menschen vor sich? Falsch! Vielleicht überrascht es Sie, aber Homo sapiens belegt auf der Liste der Tiere, die am häufigsten eigene Artgenossen töten, unter über 1000 Arten nur Platz 30. In der besonders gewalttätigen Gruppe der Primaten ist der Mensch nur Durchschnitt. Die produktivsten Mörder der Tierwelt gehören zu einer ganz anderen Art.[10]

Wer die Mörder sind? Ob sie es glauben oder nicht, es sind Erdmännchen, niedliche kleine afrikanische Säuger aus der Familie der Mangusten, die im *König der Löwen* mit dem Witzbold Timon verewigt wurden. Sicher, sie sehen süß aus, wenn sie auf ihren Hinterbeinen stehen und die Savanne beobachten – aber es sind bösartige, Babys tötende Kannibalen. Immer eins von fünf Erdmännchen (zumeist Babys) wird von Angehörigen der eigenen Art getötet. Beim Menschen stirbt nur knapp über ein Prozent der Menschen infolge von Gewalt, sei es Mord oder Krieg. (Zur Einordnung: Im tödlichsten Konflikt der Geschichte, dem Zweiten Weltkrieg, starben drei Prozent aller Menschen.)

Im Gegensatz zum Menschen kennen Erdmännchen keine Mord- oder Kannibalismustabus – und haben keine Gender-Definitionen. Es sind sogar meist Weibchen, die töten. In ihrem matriarchalen Sozialsystem herrscht eine strikte Hierarchie. Gewöhnlich verhindert das dominante

Weibchen der Gruppe, dass sich untergeordnete Weibchen paaren. Kommt es doch zu einem Wurf, tötet das Alpha-Weibchen oft die Jungen des untergeordneten und frisst sie. Das sichert ihrem eigenen Nachwuchs mehr Ressourcen. Diese Angriffe sind brutal und ich muss zugeben, dass ich trotz meiner Liebe für Tierdokumentationen nur ein paar Episoden der beliebten Serie *Und täglich grüßt das Erdmännchen* gesehen habe. Die Gewalt machte mir zu schaffen.

Nach den Erdmännchen folgen einige Primatenarten in der Rangliste der Mörder, darunter Affen und Lemuren. Bei einigen Lemurenarten sterben 17 Prozent einen gewaltsamen Tod. Einige der anderen Spitzenplätze gehen an Raubtiere wie Löwe und Wolf – aber viele Arten überraschen auch, etwa Seelöwen, Chinchillas, eine Gazellenart und Eichhörnchen.

Die Rangliste beruht auf der ersten gründlichen Studie zur Gewalt bei Säugetieren, die José María Gómez von der Universität Granada in Spanien 2016 durchführte. Gómez und seine Kollegen sichteten 3000 Studien über 1024 Säugetierarten und darin erfasste vier Millionen Todesfälle und sie ermittelten für jede Art den Anteil der mit Gewalt Getöteten. Anhand historischer und archäologischer Daten schätzte das Team auch den Prozentsatz der Menschen, die im Verlauf der Menschheitsgeschichte ein gewaltsames Ende fanden, sowie unser Gewaltpotenzial aufgrund unserer evolutionären Verwandtschaft, denn eng verwandte Arten neigen zu ähnlicher Brutalität.

Eines fiel auf: Im Laufe der Evolution der Säugetiere nahm die tödliche Gewalt zu. Obwohl nur etwa 0,3 Prozent aller Säugetiere bei Auseinandersetzungen mit Angehörigen der eigenen Art sterben, sind es bei den gemeinsamen Vorfahren der Primaten 2,3 Prozent. Bei den ersten Affen unter den Primaten seien es 1,8 Prozent gewesen, errechnete

Gómez' Team. Ebenso vermuteten sie bei den frühen Menschen etwa zwei Prozent tödliche Gewalt. Dies deckt sich mit Spuren an menschlichen Überresten aus dem Paläolithikum.

Doch wenn man sich einmal nur die Menschen – und vor allem die letzten paar Tausend Jahre – näher ansieht, ist die Zunahme an Gewalt nicht evident, denn es war ein Auf und Ab. Besonders brutal war das Mittelalter. Wenn Pest, Kindstod oder Hungersnot nicht zuschlugen, dann oft jemand anders. Neben blutigen Aufständen, Kriegen und Kreuzzügen gab es blutige Familienfehden, Streitereien und die allgemeine Tendenz, Konflikte brutal zu lösen. Am Ende war menschliche Gewalt in dieser Zeit für enorme zwölf Prozent der erfassten Todesfälle verantwortlich.

Seitdem sinkt die Kurve gewaltsamer Todesfälle wieder. Im letzten Jahrhundert waren wir relativ friedlich. Laut einem Bericht der Vereinten Nationen von 2013 beträgt die globale Mordrate – also nur Morde, ohne die Kriegstoten – lediglich 0,0062 Prozent.

»Die Evolutionsgeschichte ist für das Menschsein keine Zwangsjacke. Die Menschheit änderte sich und wird sich auf überraschende Weise weiter verändern«, sagt Gómez. »Egal wie gewalttätig oder friedlich wir ursprünglich waren, wir können den Umfang zwischenmenschlicher Gewalt durch Veränderungen unserer sozialen Umwelt regulieren und eine friedlichere Gesellschaft aufbauen, wenn wir wollen.«

Gómez' Studie enthält auch eine Beruhigungspille: 60 Prozent der Säugetierarten begehen innerhalb der Art keinerlei Morde. Von über 1200 Fledermausarten töten sich nur sehr wenige gegenseitig. Und Schuppentiere und Stachelschweine kommen miteinander klar, ohne ihre Artgenossen abzumurksen.

Auch Wale sind generell nicht dafür bekannt, Angehörige der eigenen Art zu töten. Doch der Biologe Richard Connor von der University of Massachusetts in Dartmouth erwähnt, dass 2013 ein männliches Delfinpaar versuchte, ein Neugeborenes zu ertränken. Zwei oder drei männliche Delfine verbündeten sich oft gegen einzelne Weibchen und womöglich wollten sie das Baby töten, damit die Mutter für die Paarung verfügbar ist. Er warnt, dass auch Wale und ihre nahen Verwandten gewalttätiger sein könnten, als wir denken. »Wir könnten Zeugen eines tödlichen Kampfs zwischen Delfinen sein, ohne es zu merken, da das Opfer scheinbar unverletzt wegschwimmt, aber an inneren Verletzungen verblutet«, sagt er.

Doch meistens hielten Menschen Tiere für gewalttätiger, als sie es wirklich sind, meint der Verhaltensforscher Marc Bekoff, früher Professor der University of Colorado in Boulder. Er behauptet, dass Menschen und Tiere vorwiegend friedlich seien. Der Ursprung der Gewalt finde sich wie Grundlagen für Altruismus und Kooperation in der Evolutionsgeschichte. Bekoff nennt als Beleg die Arbeit des verstorbenen Anthropologen Robert Sussman, der feststellte, dass selbst Primaten – einige der aggressivsten Säuger – weniger als ein Prozent des Tages mit Kämpfen oder anderem Konkurrenzverhalten verbringen.

Das macht Sinn: Zweikämpfe sind riskant und oft wiegen die Vorteile das Sterberisiko nicht auf. Soziale und territoriale Tiere töten einander am häufigsten, was hilft, den Trend in der Geschichte der Menschen zu erklären. Viele Primaten erfüllen dieses Killerprofil, aber nicht alle: Bonobos haben eine meist friedliche und von Weibchen dominierte Sozialstruktur, während Schimpansen viel gewalttätiger sind.

Diese Unterschiede unter Primaten sind wichtig, sagt Richard Wrangham, Humananthropologe an der Harvard

University, der für seine Studien über die Evolution der Kriege bekannt ist. Bei Schimpansen und anderen zum Töten fähigen Primaten ist Kindsmord die häufigste Form des Mords. Meistens töten Männchen nicht verwandte Babys, um die Chance zu erhöhen, sich mit der Mutter zu paaren und die eigenen Gene zu vererben. Menschen sind anders, sie töten einander häufig als Erwachsene. »Dieser Erwachsenen-Mord-Club ist sehr klein«, sagt Wrangham. »Dazu gehören einige soziale und territoriale Fleischfresser wie Wölfe, Löwen und Tüpfelhyänen.«

Obwohl ein gewisser Grad an tödlicher Gewalt aufgrund des Familienstammbaums beim Menschen zu erwarten sei, sei diese Tendenz doch auch überraschend, sagt Wrangham. Wichtig sei nicht nur die Mordrate, sondern auch der Grund.

In seinem Buch *Die Zähmung des Menschen* (2019)[11] verweist er auf zwei Arten von Aggression, die beide dazu führen können, dass Tiere töten. Die erste, die reaktive Aggression, ist bei den Menschen im Durchschnitt relativ gering ausgeprägt. Wrangham beschreibt sie als »heiße« Art, dazu zählen in Wut zu geraten oder Verbrechen aus Leidenschaft. Wir assoziieren sie auch mit den Kämpfen im Tierreich. Sie ist die Antwort auf eine direkte Bedrohung und mit ihr gehen Wut oder Angst einher. Diese Art der Aggression haben die Menschen meistens unter Kontrolle. (Ansonsten wären Morde aus Wut im Verkehr an der Tagesordnung.)

Doch verglichen mit anderen Spezies, meint Wrangham, ist der Grad der »kalten«, der »proaktiven Aggression« beim Menschen hoch. Sie ist zielgerichtet – ob nun Geld, Rache, Macht oder etwas anderes das Motiv ist – und führt zu kalkuliertem, bewusstem Mord. Homo sapiens ist ein Meister der proaktiven Aggression: Sie erzeugt Terrorismus, Schulmassaker oder Kriege.

Proaktive Aggression findet sich auch bei anderen Arten wie Schimpansen, die konkurrierende Gruppen überfallen. Aber Bekoff meint, das sei selten. »Ich hasse es, wenn Leute über Gewalttäter sagen, ›sie verhalten sich wie Tiere‹«, meint er. Die meisten Tiere, auch der Mensch, verbrächten sogar wenig Zeit mit Konflikten, erklärt er, aber bei Tierdokus komme Blut gut an. Seine Botschaft: Die Abstammung rechtfertigt unsere Gewalt nicht.

Es ist erschreckend, dass die Menschheit ihre grandiose Intelligenz nicht nur zum Aufbau von Zivilisationen einsetzte, sondern auch, um neue und effektivere Mittel zur gegenseitigen Ermordung zu erfinden, aber das hat sie! Unsere ausgeprägte Fähigkeit zu proaktiver Gewalt macht uns einzigartig, auch wenn wir unter den Säugetieren nicht die größten Mörder sind. Dafür können wir nicht einfach unserer »tierischen Natur« die Schuld geben. Wrangham meint, wenn es um mörderische Neigungen geht, »ist der Mensch einfach außergewöhnlich«.

Anleitung zum Kannibalismus

Warum einige Tiere ihre eigene Art auf den Speisezettel setzen

Vor Jahren arbeitete ich in Louisiana in einem Naturschutzzentrum. Ich kümmerte mich um Tiere, die dort u.a. im Rahmen von Bildungsprogrammen gezeigt wurden. Die wechselnde Tierschau bestand überwiegend aus regional vorkommenden Babyalligatoren, Opossums und Schlangen.

Gelegentlich liehen uns andere Zoos und Zentren Tiere, wie einmal ein Pärchen Ost-Kreischeulen. Die winzigen Eulen mit ihren enormen Augen und flaumigen Körpern waren entzückend und normalerweise sah man sie aneinander gekuschelt. Doch eines Tages, nicht lange nachdem sie angekommen waren, öffnete ich zur Fütterungszeit den Käfig und das Männchen war weg. Ich wurde panisch und fürchtete, dass es mir irgendwie entkommen war. Ich durchsuchte jeden Winkel – keine Eule. Dann bemerkte ich auf der Brust des Weibchens eine Beule.

Die unverdaulichen Teile ihres Gefährten spie sie später als Gewölle wieder aus und am Ende gaben wir nur eine Eule zurück. Wie sich herausstellte, ist Kannibalismus bei Tieren in Gefangenschaft, die durch Veränderungen wie eine neue Umgebung gestresst sind, nichts Unbekanntes.

Der Vorfall war beunruhigend, denn er schien so widersinnig. Wie konnte ein so süßes Tier den eigenen Partner verschlingen, an dem es scheinbar so hing? Aber kein Naturgesetz schließt Schönheit oder Blutrausch aus. In Wahrheit herrscht in der Tierwelt im Allgemeinen eine eher praktische Haltung zum Töten und Fressen der eigenen Art vor, auch wenn das beim Menschen tabu ist.

Das gilt selbst für Tiere, die wir für harmlos halten, wie das Seepferdchen, Stammgast in Disneyfilmen und Sammelalben kleiner Mädchen. Manchmal saugt es mit dem süßen Schnäuzchen den eigenen Nachwuchs ein. Ich könnte Ihnen auch Schmetterlinge und Eichhörnchen madig machen. Und falls Sie einmal Häschen aufzogen – na, dann wissen Sie es ja vielleicht.

Kannibalismus bei Tieren hat viele Gründe. Bei einigen Arten gehört es zur Lebensweise. Ihre Jungen fressende Mütter sind ziemlich häufig, vor allem Eier und Neugeborene sind dann Opfer von Kannibalismus. Die Gründe dafür sind komplex. Manchmal ist Futterknappheit der Auslöser, aber die Forschung zeigt, dass das nicht immer der Fall ist. Einige Arten produzieren zu viele Eier oder Babys und sortieren die schwächeren Exemplare aus, wie solche, die sich nicht schnell genug entwickeln. Doch auch Jungtiere können zu Kannibalen werden.

Einige Insektenarten, Skorpione, Würmer und Spinnen betreiben Matriphagie oder »Muttertierfressen«. Ein ungewöhnlicher Fall kommt bei den Krabbenspinnen vor: Die Mutter versorgt ihre Spinnchen mit unbefruchteten »Nähreiern«. Der Nachwuchs frisst die Eier und langsam auch die Mutter. Sie nagen wochenlang an ihr, bis sie bewegungslos ist, und fressen sie dann ganz. Zumindest ist das nicht umsonst: Mamafressende Spinnenbabys entwickeln sich gut, Gewicht und Überlebensrate sind bei ihnen höher als bei den Respektvolleren. (Wir können uns glücklich schätzen, dass nicht mehr Babys auf diese Idee kamen!)

Zum Glück für uns hat die Evolution bestimmt, dass Menschenmütter sicher sind. Nur wer von Geburt an selbstständig ist, kann Matriphagie betreiben. Selbst wenn menschliche Föten Zähne hätten – sind Sie nun froh, dass dem nicht so ist? – und sich »matrizidale« Kannibalenbabys den

Weg aus der Mutter beißen würden, wären sie ohne Milchquelle hilflos.

Aber auch ohne Kannibalismus betreibende Kinder aßen sich Menschen von Zeit zu Zeit gegenseitig – und wir sprechen hier nicht von Serienmördern und hungernden Überlebenden von Flugzeugabstürzen. Archäologen fanden an prähistorischen Skeletten Spuren von Kannibalismus beim Menschen, die mindestens 800 000 Jahre zurückreichen. Sie wurden wie andere Beutetiere zerlegt und gegessen. Die Frage ist: Warum? Essen sich Menschen nur aus der Not heraus oder in symbolischen Ritualen – wie wir gerne glauben würden – oder jagten wir uns einst als Nahrung?

Einige Anthropologen vermuten das. Aber der Archäologe James Cole von der University of Brighton fragte sich, ob das Sinn ergibt. Hat Menschenfleisch überhaupt genügend Kalorien, dass sich die gegenseitige Jagd lohnte? Als er nachforschte, stellte sich heraus, dass bei aller Kalorienzählerei, nie jemand erfoscht hat, wie Menschen als Nahrungsmittel zu bewerten sind.

Cole berechnete dies daher anhand detaillierter Daten zur Substanz von vier männlichen Erwachsenen. Demnach entsprechen 66 Kilogramm Muskelfleisch des Menschen etwa 32 000 Kalorien, verglichen mit etwa 3,6 Millionen beim Mammut oder 163 000 beim Rothirsch. Er erstellte auch eine reichlich makabre Nährwerttabelle mit verschiedenen menschlichen Körperteilen. (Falls Sie jemals in die Situation kommen sollten, das wissen zu müssen: Sie sollten mit den Oberschenkeln anfangen. Ihr Fleisch bringt über 13 000 Kalorien, die Leber nur etwa 2500.)

Im Vergleich zu anderen Säugetieren auf der Speisekarte ist der Mensch keine besonders gute Beute – das ist vielleicht noch ein Punkt, warum Kannibalismus nicht weiter verbreitet ist. Cole fand heraus, dass die Muskeln eines Mammuts

25 hungrige Neandertaler einen Monat lang mit Mammutsteaks versorgen konnten, die eines Mensch dieselbe Gruppe nur mit dem Kalorienbedarf eines Drittel Tages. (Anders gesagt, Sie wären für 25 umherschweifende Neandertaler lediglich ein Mittagessen.)

Das ist nicht nur unserer relativ dürftigen Größe zuzuschreiben. Verglichen mit anderen Tieren sind wir nicht sehr nahrhaft. Laut Coles Berechnungen packen Wildschweine und Biber etwa 1800 Kalorien in jedes Pfund Muskel, der moderne Mensch nur kümmerliche 650. Das ist etwa die Hälfte der Kalorien eines Pfunds zu 80 Prozent mageren Hackfleischs.

Wenn Menschen nun als Beute nicht besonders wertvoll sind, warum sollte man sie dann essen? Immerhin war selbst ein antiker Mensch, so er nicht krank war oder im Sterben lag, nicht einfach zu jagen. »Man muss eine Jagdgruppe organisieren und sie aufspüren. Sie stehen ja nicht einfach herum und warten darauf, mit dem Speer erlegt zu werden«, sagt Cole. Er meint, dass vermutlich nicht aller Kannibalismus dazu diente, den Bauch zu füllen, sondern für den frühen Menschen auch eine soziale Funktion hatte.

Allerdings könnte Kannibalismus auch aus rein praktischen Erwägungen praktiziert worden sein. »Hier spielt keine Rolle, wie nahrhaft der Mensch im Vergleich zu Großwild wäre«, sagt der Anthropologe Erik Trinkaus von der Washington University in St. Louis. »Es ist eine Frage des Überlebens, wenn es keine anderen Nahrungsquellen gibt. Angehörige der Gruppe sterben und die Überlebenden essen die Körper der Toten.«

Aber in einigen Situationen, meinen Forscher, könnte Kannibalismus absichtlich praktiziert worden sein. Knochen deuten zwar auf keine Motivation hin, doch alte Reste zeigen Spuren kannibalischer Praktiken. In der spanischen Höhle

Gran Dolina befanden sich zum Beispiel unter den Körpern zerlegter Büffel, Schafe und Hirsche elf Menschen – alles Kinder oder Jugendliche –, die an den Knochen Spuren von Kannibalismus aufwiesen. Neben Indizien, die belegen, dass das Fleisch von den Knochen abgeschabt wurde, legen andere Hinweise nahe, dass die Bewohner – *Homo antecessor* genannte Vorfahren der Menschen – das Hirn ihrer Opfer aßen.

Die zerlegten Menschenteile in der Höhle lagen in Schichten, die etwa 100 000 Jahre abdecken, was nahelegt, dass Menschen wiederholt auf dem Speisezettel standen. Auch waren die Überreste mit denen von Tieren vermischt und auf dieselbe Art zubereitet. Einige Anthropologen vermuten daher, dass Kannibalismus dort nicht infolge von Nahrungsmangel oder als Ritual vorkam. War Menschenfleisch vielleicht eine übliche Beilage? Oder waren die Opfer Fremde und der Kannibalismus war ein effektives »Zutritt verboten«-Zeichen? Leider können die Knochen nicht sprechen.

Fleisch war durchaus üblich als Nahrung, das gelte für die meisten Fälle von prähistorischem Kannibalismus, sagt die Anthropologin Silvia Bello vom Natural History Museum in London. »Paläolithischer Kannibalismus war vermutlich öfter eine ›gewählte‹ als eine ›notwendige‹ Praxis«, sagt sie. »Doch ich denke, die Motivation zu finden … ist sehr schwierig.«

Cole räumt ein, dass wir seiner begrenzten Analyse des Nährwerts eines Menschen, die auf nur wenigen zeitgenössischen Exemplaren basiert, nicht viel mehr entnehmen können. Und klar ist, unsere Vorfahren ermittelten vor der Auswahl ihres Abendessens nicht die Kalorienzahl für menschliche Oberschenkel mit Knochen.

Vielleicht, sagt er, sei die wirkliche Nachricht, dass der Kannibalismus der frühen Menschen ganz unterschiedliche

Beweggründe hatte. Auch in den vergangenen Jahrhunderten hätten unsere menschlichen Verhaltensweisen sehr viel mehr Ursachen, etwa Kriege, Psychosen oder Glaubensfragen.

Zumindest sind wir damit nicht allein, wie meine Kreischeulen belegen. »Kannibalismus ist im Tierreich extrem weit verbreitet«, sagt der Biologe Bill Schutt von der Long Island University, der das Buch *Cannibalism: A Perfectly Natural History* schrieb. Vermutlich, meint er, waren die frühen Menschen einfach nur Opportunisten und Gelegenheitskannibalen, genauso wie andere Tiere. »Was uns unterscheidet, sind Rituale, Kultur, Tabus«, sagt Schutt. »Wir wurden sozialisiert zu glauben, dass Kannibalismus das Schlimmste ist, was man tun kann.«

So ist diese Praxis in den meisten modernen Gesellschaften verboten oder wird nur in Notsituationen akzeptiert. Manchmal ist auch nicht Hunger der Auslöser, etwa bei der Tradition des Amazonas-Stamms der Wari, dessen Angehörige früher als Teil der Bestattungszeremonie kleine Stücke des oder der Verstorbenen aßen. Doch selbst dort galt es nicht als verlockendes Mahl.

Die Erarbeitung der Kalorienzahl von Menschenfleisch, sagt Cole, sei nachhaltig verstörend für ihn gewesen. Kannibalen verglichen den Geschmack mit Schweinefleisch, was ihn umtrieb, als er die Analyse machte. »Im vergangenen Jahr fiel es mir schwer, Speck zu essen«, gibt er zu.

Ein gigantischer Fortschritt für die Frauenwelt

Warum Menstruation auch etwas Kulturelles ist

Die Tampons von Sally Ride könnten das am meisten hinterfragte Hygieneprodukt der Welt sein. Bevor Ride als erste Amerikanerin 1983 in den Weltraum flog, grübelten Wissenschaftler über die Tampons nach, die sie mit ins All nehmen sollte. Sie wogen sie und professionelle NASA-Schnüffler rochen daran – mit Duft oder ohne –, um sicherzugehen, dass ihr Geruch in der Raumkapsel nicht zu stark wäre. Ingenieure überlegten, wie viele sie in einer Woche im All benötigen würde; die berühmte Frage war: »Reichen hundert?«

Die Ingenieure versuchten, an alles zu denken. Sie verbanden die Tampons mit Fäden, damit sie nicht davonschweben konnten. Ich stelle mir vor, wie Sally Rides Tampons wie eine Wurstkette durch das Spaceshuttle treiben und frage mich, ob ein Astronaut ihnen peinlich berührt über den Weg schwebte.

So oder so brachte die Menstruation die Männer der NASA ganz schön ins Schwitzen. Als Frauen Astronautinnen wurden, gab es die üblichen Bedenken, dass sie während ihrer Periode weinerlich würden oder nicht mehr funktionstüchtig wären – aber auch, dass der Menstruationszyklus im All aussetzen könnte. Würde das Blut ohne Schwerkraft noch herausfließen? Vielleicht würde es sich innen sammeln oder sogar durch die Eileiter in den Unterleib zurückfließen – eine gefürchtete retrograde Menstruation.

Am Ende musste es einfach jemand testen – es wurde nie bekannt, ob Sally Ride die Betreffende war. Und dann geschah … nicht viel. Wie sich herausstellte, kann die Gebärmutter ihre Schleimhaut auch ohne Schwerkraft gut abstoßen. (Schließlich hat auch Liegen keine große Auswirkung.) Im All mit Tampons zu hantieren, ist vermutlich lästig und Krämpfe sind dort auch nicht netter als auf der Erde. Zuletzt entschied die NASA, dass auch Astronautinnen mit Regel problemlos fliegen können.

Drei Jahrzehnte nach der Reise von Sally Rides Tampons in das All propagieren Wissenschaftler für Astronautinnen eine Möglichkeit, die auch andere Frauen praktizieren: Man kann die Periode auch umgehen. Ein orales Kontrazeptivum (die Pille) kann kontinuierlich genommen werden, ohne es für eine Woche abzusetzen, was die Blutung herbeiführen würde. Für Astronautinnen sei das zurzeit die beste und sicherste Methode, um während der Mission nicht zu menstruieren, sagt Varsha Jain, Gynäkologin und Professorin am King's College in London. Sie publizierte 2016 in der Zeitschrift *NPJ Microgravity* eine Studie zur Menstruation im All, zusammen mit ihrer Kollegin Virginia Wotring, die als Chefpharmakologin der NASA beauftragt wurde, das beste Kontrazeptivum für Astronautinnen zu finden. Nicht weil sich die NASA unbedingt um sicheren Sex im All sorgt, sie will nur nicht, dass die Frauen kurz vor der Mission schwanger werden. Und was Sex während einer Mission betrifft: Es gab dazu Gerüchte, vor allem nachdem das erste Ehepaar 1991 gemeinsam in den Weltraum flog. Offiziell weiß die NASA von Sex im All allerdings nichts und führt auch keine Experimente dazu durch. Hormonimplantate und Spiralen sind eine Option, aber auch die Pille hat eine gute Leistungsbilanz im All.

Nicht nur Astronautinnen erprobten die Dauerpillenmethode (verglichen mit den Weltraumtampons von Sally Ride unbeachtet), auch viele Frauen auf der Erde entscheiden sich gegen die Periode. Laut Umfragen meint etwa ein Drittel der Frauen, eine monatliche Blutung sei nötig, da sie natürlich ist und ihnen beweist, dass sie nicht schwanger sind. Doch die Blutung in der Woche Pillenpause sei weder nötig noch besonders natürlich, sagt Jain. Frauen, die die Pille nehmen, bauen keine Schleimhaut auf, die abgestoßen werden müsste. Und die Regel zu haben, heißt keineswegs, nicht schwanger zu sein.

Natürlich gehen mit der Pille einige Risiken einher, wie etwa Gerinnsel in Beinen und Lunge, und das Krebsrisiko ist nicht eindeutig. Laut einer 2018 publizierten großen Studie steigt mit der Pille womöglich das Risiko für Brust- und Gebärmutterhalskrebs, doch das für Gebärmutter- und Eierstockkrebs sinkt. Und obwohl die Forschung kein erhöhtes Gesundheitsrisiko fand, wenn die Pille eine Woche länger genommen wird, gibt es Hinweise darauf, dass die Regel für Frauen, die schwanger werden wollen, gut sein könnte. Letztlich ist das alles sehr individuell.

Für lange Weltraumflüge bringt ein Aussetzen der Regel zusätzliche Vorteile. »Die Entsorgungsanlagen der US-Module der Internationalen Raumstation, die aus Urin Wasser gewinnen, sind nicht für Menstruationsblut ausgelegt«, schreiben Jain und Wotring. Eine Frau, die drei Jahre im All verbringt – etwa für einen Marsflug – benötigt um die 1100 Pillen. Das macht die Mission zwar etwas schwerer, fällt aber weniger ins Gewicht als all die Tampons.

Es ist beruhigend, dass die NASA etwas entspannter wird, wenn es um Frauenkörper und Weltraumreisen geht. Denn wenn wir jemals eine andere Welt kolonisieren wollen, werden wir weit mehr über Fortpflanzung im All nachdenken müssen. Und auch wenn wir das nicht tun, werden mehr Frauen in den Weltraum fliegen, so wie sie auch in andere Berufszweige vordringen. Seit Sally Rides »Gynauguration«

flogen über 40 Amerikanerinnen ins All; allerdings war sie nicht die erste Frau im Weltraum: Diesen Titel holte sich die sowjetische Kosmonautin Walentina Tereschkowa 1963. Fast 20 Jahre später folgte ihr Swetlana Sawizkaja als zweite Frau im All. Sally Ride war die Dritte, und während nur elf Prozent der Raumfahrer insgesamt Frauen waren, holen sie doch langsam auf: 2013 waren zum ersten Mal 50 Prozent der Astronauten weiblich.

Obwohl Frauen vermehrt in den Weltraum fliegen, in Kriegen kämpfen und bei Olympia teilnehmen – und dabei menstruieren –, bleibt die Periode weltweit mit unterschiedlich strikten Tabus belegt. In den Vereinigten Staaten gilt es gewöhnlich noch immer als unangebracht, die eigene Periode zu erwähnen. Die Werbung spielt nur verbrämt darauf an, zu was ein Tampon benutzt wird. In Teilen Indiens dürfen Frauen während ihrer Periode kein Essen zubereiten, da sie als unrein gelten. Und erst 2018 verbot Nepal die *chhaupadi*-Praxis, die menstruierende Frauen in eine Hütte (oft nur ein schmutziger Schuppen) verbannte. Dort dürfen sie keine anderen Menschen berühren, sind ihrerseits aber Vergewaltigung oder Mord schutzlos ausgeliefert. Frauenanwälte befürchten, dass das Verbot ignoriert wird.

Doch es gibt eine neue Generation, die Menstruationstabus zurückdrängt. Es wird nicht nur mehr über die Periode geredet, es gibt sogar einen Begriff für mangelnde Aufklärung über die Regel und fehlende Hygiene: Periodenarmut. Weltweit arbeiten Menschen daran, dem ein Ende zu bereiten. Einer von ihnen ist Pad Man in Indien. Arunachalam Muruganantham sah, dass seine neue Frau etwas vor ihm versteckte und wollte es sehen. »Das geht dich nichts an«, sagte sie, doch er griff hinter sie. Sie hielt einen schmutzigen Lappen, den sie als Binde benutzte, da diese im Laden zu teuer waren. Muruganantham meinte, er könne das verbessern und erfand eine preisgünstige Maschine zur Produktion einfacher Binden, die weniger als ein Drittel der Binden im Handel kosten. Als keine Frau die Methode probieren wollte, testete er sie selbst. Muruganantham füllte Tierblut in eine Flasche, die er an der Hüfte tragen konnte, erklärte er im TED-Talk. »Von dort geht ein Schlauch in meine Hose, während ich gehe oder Rad fahre«, erzählt er. »Diese fünf Tage werde ich nie vergessen. Diese schmutzigen Tage, diese lausigen Tage, diese Nässe.« Das TED-Publikum brüllte vor Lachen.

Heute stellt er seine Maschine den Frauen auf dem Land zur Verfügung, damit sie erschwingliche Binden herstellen können; inzwischen sind es Hunderte. Und im jahr 2014 wählte ihn das *TIME*-Magazin zu den 100 einflussreichsten Personen des Jahres und der Bollywood-Film *Pad Man* erzählt seine Geschichte.

»Meine Vision ist, Indien zu einem Land zu machen, das zu 100 Prozent Binden benutzt«, erzählte Muruganantham der BBC. »Menstruation ist kein Tabu mehr.« Ich bin mir nicht sicher, ob er da recht hat, aber ich hoffe, dass es bald so weit ist.

Teil drei
SCHAURIGE

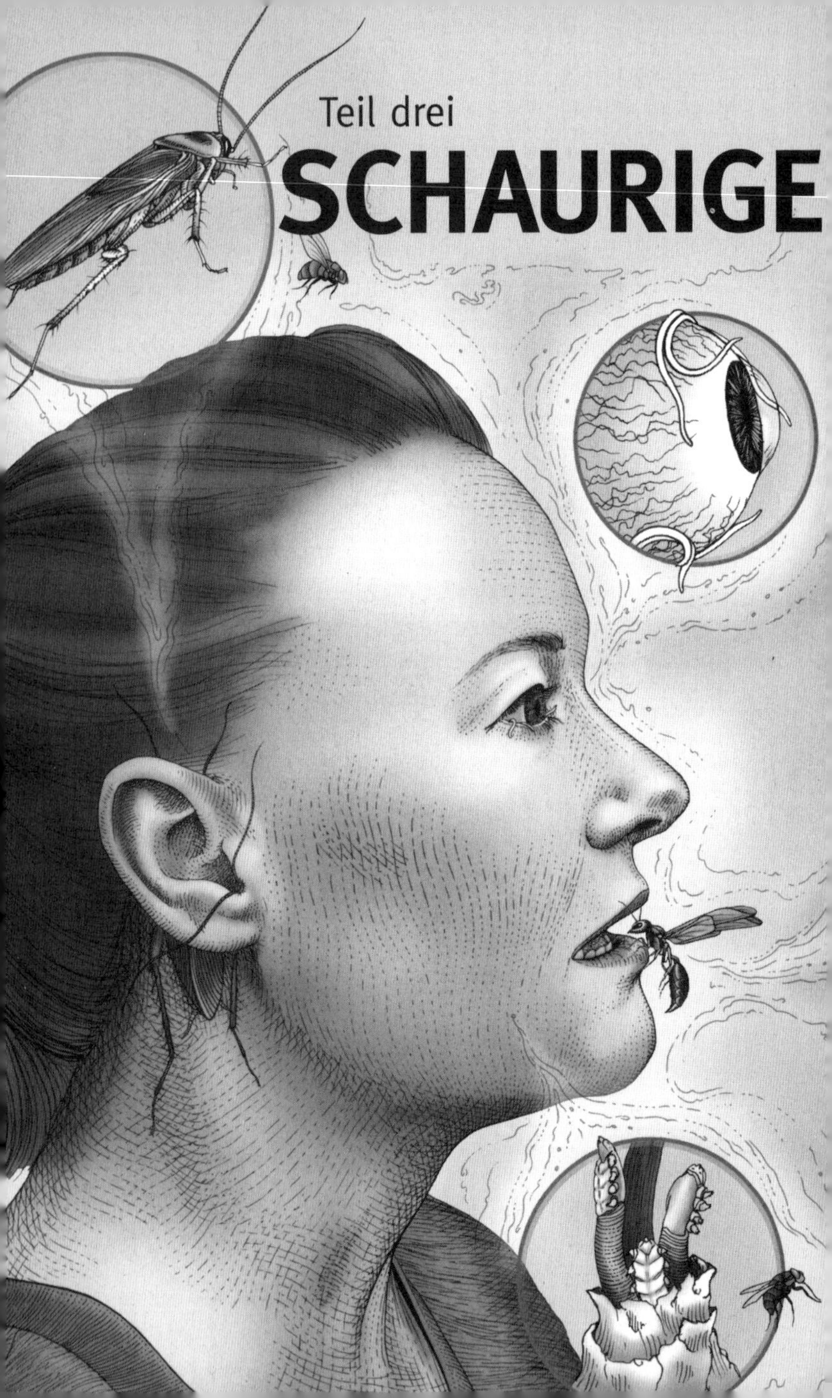

TIERCHEN

Rattenrennen

Warum man sie nicht aufhalten kann

Sie fressen unser Essen. Sie richten ihre Nester mit unserem Schutt ein. Sie nagen sich durch unsere Bleche, Rohre und Beton. Sie überlisten uns bei allem. Sie sind unsere Schatten, unsere Feinde, unsere Nachbarn.

»Rat City!« Spy-Magazin, 1988

»Du musst wie die Ratte denken«, erklärte mir mein neuer Freund Gregg, als wir seinen selbst gebastelten Rattendetektor durch ein kleines Loch in meiner Kellerdecke schoben. Gregg hatte ein Endoskop gekauft – wie es der Arzt auf der Jagd nach Polypen benutzt – und es an einem gebogenen Drahtkleiderbügel befestigt. Die Bilder sahen wir uns auf dem Monitor seines Laptops an.

Gregg war besessen von Ratten, seit sie sich im Haus seiner Freundin und meiner Nachbarin Anne breit machten. Nachdem er bei ihr die Schädlinge unschädlich gemacht hatte, wollte er seine Rattenvernichter-Fähigkeiten auf meine Plage anwenden, die bereits seit mehreren Monaten mal zu-, mal abnahm. Ich hatte ihnen alles über den Befall bei mir erzählt, bis hin zu der stinkenden Rattenleiche und den Höllenfliegen, die aus dem Kadaver geschlüpft waren. Und nun waren die Ratten zurück.

Gregg kam an einem Sonntagnachmittag mit dem Endoskop und 7,5 Litern Bleiche vorbei und erklärte mir meine Aufgabe: Ich sollte das Endoskoplicht auf sein Kommando an- oder ausmachen, während er das aus einem Drahtbügel gefertigte Instrument zwischen Decke und Wände schob.

In der Decke über dem Bad im Keller trafen wir ins Schwarze: Auf dem Bildschirm waren haufenweise Rattenkegel zu sehen. »Da ist dein Nest«, rief Gregg aus: unser erster kleiner Sieg in einer langen, aussichtslosen Schlacht.

Bis dahin hatte ich einiges über Ratten gelernt: Sie sind Gewohnheitstiere. Sie legen Wege durch ein Haus an und folgen ihnen jeden Tag: hinein, hinaus, zum Fressen, zum Nest. Und sie steigen tatsächlich aus den Abwasserkanälen hoch.

Letzteres wurde zum zentralen Punkt meiner Nachforschung: Als mein Mann Jay das Stück Badezimmerdecke herausschnitt, zu dem Greggs Endoskop uns führte, sahen wir, dass das Rattennest um ein altes Abflussrohr gebaut war, das nicht verschlossen worden war, als wir das obere Badezimmer ausgebaut hatten. Am Rand des Rohrs befanden sich dunkle, ölige Kleckse, wo die Ratten aus dem Abwasserrohr herauskletterten und in den Raum zwischen den Deckensparren auf die Decke plumpsten.

Meine weiteren Erkundungen ergaben, dass es für Ratten nicht nur ziemlich einfach ist, ein Abwasserrohr hinaufzuklettern, in dem kein Wasser steht, sondern dass ich in einem Teil von Washington mit einem kombinierten Abwassersystem wohnte, bei dem die Straßengullys und die Toiletten in dasselbe Kanallabyrinth unter der Stadt münden. So etwas ist für Ratten ein sicheres Netzwerk, um von Haus zu Haus zu laufen und hier in einer Toilette oder dort in einem Abfluss aufzutauchen.

Nachdem ich also herausgefunden hatte, wie unsere Ratten hereinkamen, nahm ich an, dass die restlichen Ratten durch unseren Arbeitslärm verscheucht würden. Jay schloss das Rohr und wir gratulierten uns für das gelöste Rätsel.

Sie können sich vorstellen, was nun kam. Reichte ein gestopftes Rohr, um die Ratten draußen zu halten? Ihre Superkräfte sind fast mythisch: Es heißt, sie könnten drei

Tage lang schwimmen und passten durch winzige Löcher. Oder sie hätten statt festen Knochen nur Knorpel, was definitiv falsch ist.

Ich durchsuchte die Wissenschaftsliteratur, um mehr über ihre Fähigkeiten herauszufinden, und war erstaunt über den Mangel an Studien zu Biologie und Verhalten der Wanderratte – der gemeinen Stadtratte, *Rattus norvegicus* –, die in der »Wildnis« zu Hause ist, also quasi in jeder Stadt auf Erden. Wie sich herausstellte, wissen wir trotz der langen Kulturgeschichte der Laborratte nur wenig über unsere »gemeine Hausratte«. »Vermutlich wissen wir mehr über Eisbären als über Ratten«, sagt die Veterinärin Chelsea Himsworth, die im Rahmen des Vancouver Rat Projects erforscht, wie Ratten in Städten Krankheiten verbreiten.

»Das Interessante an Wanderratten ist, dass sie nicht in der Wildnis leben«, erzählt mir Himsworth. Ihre Wanderungen – über Kontinente und Meere hinweg – folgen unseren Wanderungen. Sie sind schon so lange mit dem Menschen in Kontakt, dass sie nicht nur mit uns leben, sondern in ihrer Ernährung auch fast völlig von uns abhängig sind.

Und leider bleiben sie auch immer in der Nähe unserer Häuser. Eines der wichtigsten Ergebnisse des Vancouver Rat Projects ist, dass Ratten in den Häusergevierten der Städte stabile Familiengruppen und Kolonien bilden. Wenn Menschen eine Kolonie zerstören – durch Fallen oder Vergiften –, wandern die restlichen Ratten ab und verbreiten dann oft Krankheiten.

Ich wollte natürlich nicht unüberlegt vorgehen. Ich wollte sie alle töten – die ganze Rattenfamilie. Mein Martyrium hatte mich, eine Tierliebhaberin, die als Kind Tierarzt oder David Attenborough werden wollte, zu einer kaltblütigen Rattenmörderin gemacht. Ich erzählte das Robert Corrigan, dem »Rattenkönig von New York«. Ihm scheint dieser Titel recht zu sein und er zeigte Mitgefühl. Corrigan verbrachte sein Leben damit, an der Ostküste Ratten zu bekämpfen. Mit der dichten Besiedlung, den Wasserwegen und alten Rohren ist sie ein Rattenhimmel. Er sagte, er stimme meinem Freund Gregg zu: Um die Plage zu beseitigen, müsse man wie eine Ratte denken. »Aber es ist nicht schwer, sie zu überlisten«, erklärte er. Ratten benötigen jeden Tag Fressen und Wasser, um zu überleben. »Wenn sie nichts zu Fressen oder Trinken haben, drehen sie durch«, meint Corrigan. Ratten sind Hunger gegenüber wenig tolerant. Um sie loszuwerden, muss man sich einfach fragen, woher sie ihr Futter bekommen, und die Quelle beseitigen.

»Aber was ist mit meinen Ratten?«, fragte ich. Woher haben sie ihr Fressen? Sie kamen eindeutig durch den alten Abfluss aus der Kloake. In meinem Keller gab es nichts zu fressen. Mit dem kombinierten Abwassersystem hätte ich tatsächlich die Ursache gefunden, meinte Corrigan. Das mache es Ratten einfach, in Toiletten zu gelangen. Um das zu bestätigen, sprang am Tag nach dem Verschluss unseres Abflusses eine Ratte bei meinem Nachbarn aus der Toilette.

Die Toilette ist ein Segen für Kanalratten. »Oft wird Essen einfach runtergespült«, sagte Corrigan. Das ist für mich schwer zu verstehen, aber ich erinnere mich an einen Vermieter, der einst klagte, dass ein Mieter immer Hühnerknochen in der Toilette entsorgte. »Außerdem enthalten Exkremente von Mensch und Hund unverdaute Nahrung«, fuhr er fort.

Lassen sie uns kurz durchatmen. Corrigan sagt, die Ratten in meiner Kellerdecke kletterten jeden Tag durch das Toilettenrohr in den Abwasserkanal, wo sie fressen und von wo sie vermutlich haufenweise Futter anschleppten, das womöglich menschliche Exkremente enthielt. Schlechte Nachrichten! »Menschen widert das an. Das nennt man Koprophagie und ist einer der Gründe, warum Ratten so erfolgreich sind«, sagt er. »Sie rümpfen nicht die Nase über alles, was vorbeischwimmt.«

Es war also klug, das Rohr abzudecken. Was wir nicht ahnten, war, dass, nachdem wir ihnen den Zugang zur Kellerdecke abschnitten, mindestens zwei Ratten dort gefangen blieben – oder dass davon eine überleben würde. Die Überlebende nagte sich den Weg aus dem Haus und hinterließ ein angenagtes Klimaanlagen-Rohr, dessen Wasser in die Kellerdecke leckte. Die Verliererratte starb an einem unbekannten Ort und war Brutstätte eines neuen Schwarms von Fleischfliegen.

Nachdem ich meinen Keller ausgeräuchert hatte, um die letzten Fliegen zu töten, die aus dem Kadaver geschlüpft waren, dachte ich über die Verwüstung nach, die eine einzige Rattenfamilie angerichtet hatte. Nicht zu vergessen die in die Decke geschlagenen Löcher und der Wasserschaden vom durchgenagten Rohr. Ich verbrachte Stunden damit, die Fliegenkacke von den Wänden zu kratzen, bevor ich schließlich aufgab und neu malen ließ. Und dann war da der bleibende Geruch.

Ja, ich hatte viel über die Biologie von Fliegen und Ratten erfahren und gelernt, ihre unglaublichen Überlebensstrategien zu bewundern. Die Evolution hat sie unschlagbar gut geformt. Ich bewunderte sie auf eine Weise, wie Napoleon die Stärke der Armeen von Briten und Preußen bewundert haben mag, als sie ihn in Waterloo angriffen. Ich mochte einige Schlachten gewonnen haben, aber es war klar, wer den Krieg gewinnen würde.

Klein, aber fein

Was ist winzig, hat acht Beine und lebt in Ihrem Gesicht?

Gerade jetzt kuscheln sich Hunderte oder sogar Tausende mikroskopisch kleiner, achtbeiniger Tiere tief in die Poren Ihres Gesichts, meines Gesichts, dem Ihres besten Freundes und in fast jedes Gesicht, das Sie kennen oder lieben. In der Regel hängen diese Viecher völlig unbemerkt herum – obwohl sie gewissermaßen unsere engsten tierischen Begleiter sind.

Die Rede ist von Milben, winzigen Spinnentieren, Verwandten der Zecken. Sie sind zu klein, um sie mit bloßem Auge zu sehen oder um zu fühlen, wie sie umherwandern. Nicht, dass sie sich viel bewegen würden: Haarbalgmilben sind radikale Einsiedler. Den größten Teil ihres Lebens stecken sie kopfunter in einer Pore, so perfekt angepasst, dass ihre Körper wie der Porenraum gebaut sind. Die Evolution formte sie zu schmalen Pflöcken mit acht absurd winzigen Beinen.

Entdeckt wurden die Haarbalgmilben 1841 im Gehörgang von Menschen. Bald danach fand man sie auch in den Augenbrauen und -wimpern. Seitdem lernten wir, dass sie nicht nur in den aufragenden Wäldern von Brauen und Wimpern leben, sondern auch in den Savannen der kurzen, feinen Haare unseres Körpers – außer an den Handflächen und den Fußsohlen.

Unsere Haut ist mit einigen Millionen Haarfollikeln bedeckt. Jeder Follikel sitzt in einer Pore und wird von Drüsen flankiert, die ein öliges, wächsernes Sekret absondern – den Talg. Diese ölproduzierenden Poren liegen im Gesicht besonders dicht aneinander – wie die Milben, die in ihnen leben.

Wir nennen sie zwar Haarbalgmilben, Sie könnten sie aber auch Haut- oder Menschenmilben nennen.

Vielleicht noch überraschender ist, dass unsere Poren gleich zwei verschiedene Milbenarten beherbergen, beide aus der Gattung *Demodex*. Jede fand ihre eigene Nische in der Landschaft unseres Gesichts. Man könnte denken, dass vor langer Zeit eine epische Schlacht um die Vorherrschaft in den Follikeln stattfand, die von einer Art gewonnen wurde. Aber nein, sogar in einer Pore findet jede von ihnen ihr eigenes Habitat.

Demodex brevis ist kürzer, rundlicher und hat grob die Form einer Keule eines Comic-Höhlenmenschen. Sie kuschelt sich am liebsten tief in die Talgdrüse und in die Meibom-Drüsen, die den Rand unserer Augenlider säumen und eine ölige Substanz absondern. Dieses Meibom-Öl[12] verhindert das Verdunsten von Tränen.

Die andere Milbenart heißt *Dermodex folliculorum*, sie ist länger und dünner. Falls Sie Bilder von den im Moos lebenden Bärtierchen oder auch Wasserbären kennen: Diese Milben sehen ihnen ähnlich, doch ihre Beine sind am Körperende gebündelt. Wie der Name schon sagt, treibt sich *D. folliculorum* in den Haarfollikeln herum, näher an der Hautoberfläche.

Beide Arten sind in ihren Porenteilen Stubenhocker, sodass es für Forscher lange Zeit schwer war, sie zu beobachten, ob nun in Gefangenschaft oder in der Wildnis des Gesichts. Schon eine Einzige herauszuholen, ist so schwierig, dass bis vor Kurzem nicht klar war, ob jeder oder nur manche Menschen Haarbalgmilben haben. Sie außerhalb der Pore zu studieren, ist noch schwieriger, da sie dort meist innerhalb von Stunden sterben. (Ein Forscher behauptete vor Jahren, er habe sie im Labor in einem komplizierten Aufbau aus Ziegen- und Schafshautlagen am Leben gehalten, aber keiner konnte das seither reproduzieren.)

So wissen wir nur wenig über das Leben der Milben. Aber einiges wissen die Biologen sicher: Haarbalgmilben hassen Licht. Sie haben keinen After, können also nicht kacken – was bei einer Lebensdauer von vermutlich nur zwei Wochen auch kein Problem darstellen sollte. Und sie verbringen ihr kurzes Leben auf unserer Haut. Doch vieles bleibt bei den Milben ein Rätsel. Wir vermuten, dass sie tote Hautzellen und Talg fressen, aber Genaueres über ihre Nahrung wissen wir nicht. Was wir wissen, ist, dass sie Sex haben, aber nicht wie oder wann. (Vermutlich wagen sie sich dazu nachts aus den Poren, wenn es dunkel ist.)

Da diese Milben so rätselhaft sind, werden die meisten von uns nie eine sehen. Der Biologe Rob Dunn und sein Team von der North Carolina State University haben sie sich in den letzten Jahren näher angesehen und konnten das Wissen über diese kaum bekannten Kreaturen deutlich vertiefen. Also besuchte ich Dunns Labor in Raleigh und hoffte, nicht nur meine eigenen Milben zu Gesicht zu bekommen, sondern auch etwas über diese Fremdlinge zu erfahren. Wie Dunn mir erzählte, interessiert er sich für Haarbalgmilben, eben weil sie so geheimnisvoll sind – wie kann etwas unbemerkt auf unserem Körper leben? Seine Fragen waren grundlegend, wie auch meine Ausgangsfrage: Haben wir alle Haarbalgmilben? Und wenn ja, sind sie Freund oder Feind?

Megan Thoemmes steckt ihre langen Haare zu einem Knoten hoch und zieht Handschuhe an, bevor sie versucht, Spinnentiere aus meinem Gesicht zu ziehen. Dazu durchforstet sie meine Nase von jeder Seite, kneift mir in die Nasenflügel und hofft, so einige Milben herauszuquetschen. Sie studiert bei Rob Dunn und ist ein Profi im Herausziehen von Milben. Doch sie warnt mich vor, dass wir auf diese Weise womöglich keine finden werden.

Erfolgreicher sei es, einen Tropfen Sekundenkleber aus Cyanacrylat auf das Gesicht zu träufeln, erzählt mir Thoemmes, und dann einen Objektträger aus Glas aufzulegen. Wenn der Kleber trocken ist, reißt man ihn ab – das sei nicht so schmerzhaft, wie es klinge, behauptet sie – und der Kleber zieht alles in einem porenförmigen Klumpen aus den Poren, auch die Milben. Der Rekordfund des Labors sind 14 Milben aus einer einzigen Pore.

An diesem Vormittag findet Thoemmes keinen Sekundenkleber im Labor und versucht es auf die altmodische Weise. Sie kratzt den Talg mit einem Laborspatel heraus. Ich mache mir Sorgen, dass sie keine Milben finden wird. Dann wäre ich fünf Stunden gefahren, nur um das klebrige Zeug aus meinen Poren in Nahaufnahme zu sehen. Sie lehnt sich vor und kratzt, stetig und fest. Eine Minute später zeigt sie mir den Spatel mit einem durchsichtigen Fleck Schmiere daran. Sie schabt ihn auf einen Objektträger ab, legt einen Glasstreifen darauf und dann geht es unter das Mikroskop.

Wie viele Milben ein typisches Gesicht aufweist, ist schwer zu sagen, da es so schwierig ist, sie zu finden. Doch unser Gesicht hat im Schnitt etwa 20 000 Poren und oft teilen sich mehrere Milben eine Pore. Thoemmes meint daher, man könne davon ausgehen, dass in vielen Gesichtern Tausende Milben leben.

Ihre Verteilung auf Körper ist sogar noch schwieriger zu ermitteln. Man findet sie überall dort, wo es Talgdrüsen gibt – im Gesicht, an der Brust und den Brustwarzen, am Rücken und in der Scham. Aber nicht jeder scheint sie überall zu haben. Im Gesicht siedeln sich die Milben oft in Bereichen an, die sich von Person zu Person unterscheiden – bei manchen auf der Stirn, bei anderen am Kinn. Finden die Milben eine gastliche Region, bilden sie Nachbarschaften und bleiben. Ein Kollege im Labor, erzählt Thoemmes, zog sich immer haufenweise Milben aus einer Seite des Gesichts, aber nie aus der anderen. Das blieb jahrelang so.

Thoemmes stellt mit erfahrener Hand das Mikroskop ein, wie jemand, der das schon tausendmal gemacht hat, und ich warte auf das Ergebnis – nicht lange. Nach ein paar Sekunden murmelt sie: »Ich glaube, ich habe eine.« Sie sieht noch einmal nach. »Ja!« Wir kreischen erfreut auf. Noch besser: Meine Milbe lebt. Ich sehe die winzigen Beine wackeln, als sie versucht, aus dem Licht zu flüchten.

Nachdem wir meinen ehemaligen Gesichtsbewohner fotografiert und gefilmt haben, sucht Thoemmes den gesamten Träger ab. Langsam fängt sie an zu zählen: »Zwei, drei … oh, ein *brevis*!« Und damit war sie nicht fertig: »Vier … ach, du meine Güte, du bist fein!« Dann ist sie lange still. »Acht Milben«, verkündet sie, sechs *Demodex folliculorum* und zwei *D. brevis*. Das sei viel, meint Thoemmes diplomatisch. Normalerweise bekommt sie durch Abschaben des Gesichts ein oder zwei, wenn überhaupt. Ich betrachte mich prompt als überdurchschnittlich, jedenfalls in der Hinsicht.

Thoemmes selbst beherbergt relativ wenige Haarbalgmilben, vielleicht dank ihrer kleinporigen Alabasterhaut, die im Vergleich zu meinem Ölteppich trocken ist. Ihr Milbenmangel verhinderte fast, dass sie daran zu forschen begann. Als sie ihren College-Abschluss machte, bot ihr Dunn an, sie als Studentin anzunehmen, aber nur, wenn sie in einer Woche fünf Haarbalgmilben fände. Trotz Klebstoffallergie schlief sie mit Klebeband im Gesicht und hoffte, eine herauszuziehen. Schließlich fand sie eine Milbe in ihrem Gesicht – eine junge – und seither nur noch eine weitere, selbst mit Sekundenkleber. Dunn akzeptierte sie trotzdem.

Thoemmes entdeckte dann eine bessere Methode, diese Milben nachzuweisen: mithilfe ihrer DNS. Dunns Gruppe publizierte 2014 in einem Aufsatz in *PLOS ONE* den ersten soliden Beweis dafür, dass Haarbalgmilben beim Menschen allgegenwärtig sind. Sie analysierten die DNS in Talgproben von Testpersonen und fanden bei jeder über 18 Jahre Milben-DNS, durch Abschaben gelang das nur bei 14 Prozent der Probanden.

Die Erforschung der DNS zeigte, dass die Entwicklung der Haarbalgmilben so eng mit dem Menschen verbunden ist, dass mindestens vier ihrer Stammbäume unsere eigenen spiegeln – mit europäischen, asiatischen, lateinamerikanischen und afrikanischen Vorfahren. Ein Mitglied von Dunns Team, Michelle Trautwein, forscht an der California Academy of Sciences weiter an dieser globalen Diversität. Sie sammelte Milben von Menschen aus über 90 Ländern und plant, ihr Genom zu entschlüsseln, um neue Wege zur Erforschung ihrer Evolution zu eröffnen. Wir könnten dadurch erfahren, wie sich die Milben mit uns entwickelten, sagt sie, und ihre Gene könnten uns helfen, ihre Physiologie zu verstehen, obwohl ihre Zucht im Labor weiterhin schwierig ist.

Dunns Team begründete einen völlig neuen Denkansatz in der Haarbalgmilbenforschung. Als Wissenschaftler im 19. Jahrhundert entdeckten, dass *Demodex* auf dem Menschen lebt, sahen sie darin ein medizinisches Problem – und so blieb es über ein Jahrhundert lang. (Ihre Zahl war bei Menschen mit Rosazea, einer Hauterkrankung mit Rötungen im Gesicht, höher, und da verschiedene *Demodex*-Arten mit Hunderäude in Verbindung gebracht werden, nahmen Dermatologen an, dass die Milben auch beim Menschen Rosazea verursachen.)

Unsere Sicht auf die Haarbalgmilben ändert sich derzeit. Wenn fast jeder sie hat, sind wir alle infiziert – oder es ist das falsche Wort, ihre Anwesenheit zu beschreiben. Auch die Verbindung zu Rosazea ist wohl neu zu bewerten. Thoemmes meint, Rosazea müsste viel stärker verbreitet sein, wenn jeder Milben hat und sie diese Krankheit auslösen. Es ist vermutlich andersherum: Rosazea geht mit Entzündungen und erhöhter Durchblutung einher, was für die Milben ein günstiges Milieu darstellt. Das heißt, ein starker Befall mit Haarbalgmilben könnte ein Symptom und nicht die Ursache von Rosazea sein.

Seit die Wissenschaft den menschlichen Körper als Ökosystem begreift – besiedelt von diverser Flora und Fauna –, ist zudem nicht klar, ob *Demodex*-Milben als Parasiten betrachtet werden sollten, die per Definition für den Wirt schädlich sind. In ihrer normalen Populationsgröße könnten sie sogar hilfreich sein, wie die »guten« Mikroben in unserem Gedärm. Thoemmes meint, dass Haarbalgmilben für das Mikrobiom, die Bakterien und Mikroben der Haut, wichtig sind. Sie könnten schädliche Bakterien in den Poren fressen – sowie tote Hautzellen und Talg – oder antimikrobiell wirken. Vielleicht leben wir mit unseren Milben in einer symbiotischen Beziehung: Wir füttern sie mit unserem Porendreck und sie helfen uns mit dem Haushalt.

Was die *Demodex*-Milben in meinem Gesicht betrifft, bin ich froh, dass ich sie gesehen habe, und hoffe, dass sie für etwas gut sind, was ein unerschrockener Wissenschaftler irgendwann entdecken wird. Bis dahin bin ich stolz auf meine Milben.

Kakerlaken entmystifiziert

Wenn man sie nicht besiegen kann, baut sie nach!

Kaushik Jayaram wirkt wie ein netter Kerl, er lächelt freundlich und seine Website ziert die einladende Überschrift »Namaste. Willkommen auf meiner Seite!«. Aber wenn er über seine Forschung zu Kakerlaken für seine Doktorarbeit an der University of California in Berkeley erzählt, habe ich sofort eine Minifolterkammer vor Augen.

In einer runden Maschine senkt sich langsam eine Scheibe auf die Schaben, um zu sehen, wie weit man sie quetschen kann. Schaben, denen er Teile der Beine amputiert hat, rennen bei laufender Kamera über eine Rennbahn oder sie krachen kopfüber gegen eine Wand.

Jayaram will die Schaben nicht unnötig quälen, zumal die meisten die Tortur bei seinen Versuchen gar nicht wahrzunehmen scheinen. Er teste lediglich die Grenzen der Insekten, wie viel Gewicht sie tragen können, wie schnell sie ohne Beine – oder mit nur einem oder zwei – laufen können und wie schnell sie eine Wand erklettern. Was ihn antreibt, ist nicht, eine versteckte Schwäche zu finden, die er ausnutzen könnte, sondern zu verstehen, was Schaben zu Überlebenskünstlern macht. Statt sie auszurotten, will er sie nachbauen. Er erfindet die Schabe in mechanischer Form neu, imitiert ihre Superkräfte beim Bau winziger Roboter.

Wenn man nach einem robusten Design sucht, die Schaben haben es. Schaben gehören zu den ältesten Insekten der Erde. Ihre frühesten (ausgestorbenen) Verwandten lebten vor etwa 300 Millionen Jahren. Millionen von Jahren vor den Dinosauriern kam die Schabe und testete ihre Flügel als eines der ersten Tiere, die fliegen und nicht nur gleiten konnten.

Heute sind um die 4600 Schabenarten bekannt, die große Mehrheit von ihnen begegnet nie einem Menschen. Allein 30 davon werden weltweit als Plage betrachtet. Der Rest lebt in Wäldern, Wüsten und sogar unter Wasserpflanzen. Ihre Diversität ist erstaunlich: Es gibt hellrote Schaben mit schwarzen Punkten, die Marienkäfer nachahmen, in Australien die gigantische *Macropanesthia rhinoceros*, die etwa 80 Millimeter lang wird, und sogar türkisfarben schillernde Schaben.

Gott mag ein maßloses Faible für Käfer gehabt haben, aber die Schabe bekam das beste Design von allen. »Sie stellt unleugbar einen Gipfel der Evolution auf diesem Planeten dar«, schrieb Richard Schweid in seinem Buch *The Cockroach Papers*. Ihre Grundform erlaubte den Schaben, fast jedes Habitat dieses Planeten zu besetzen und eine Reihe von Massenaussterben der letzten Jahrmillionen sowie die Erfindung der Insektizide fast unverändert zu überleben – Letzteres führte nur zu einer wachsenden Resistenz gegen Pestizide. So berichteten 2019 Wissenschaftler von der Purdue, dass Deutsche Schaben Resistenzen gegen viele Pestizidklassen auf einmal entwickelten, was vermutlich demnächst Insektizidmischungen nutzlos macht. Die Rache der Schaben ist nahe.

Genau das irritiert die Menschen so an den Schaben: Sie sind unbesiegbar, sie stecken Prügel ein und laufen weiter. Genau das macht sie aber auch zum Traum eines jeden Ingenieurs.

Haben Sie jemals versucht, eine Schabe zu zertreten, nur damit sie dann unbeschadet weghuscht? Oder haben sie eine in einen unglaublich schmalen Spalt verschwinden sehen?

Diese Quetschbarkeit war eine der Superkräfte, die Jayaram ergründen wollte. Er lernte schnell, dass Schaben ihren Körper unglaublich komprimieren und unverletzt wieder dehnen können.

Sein Versuchsobjekt war die Amerikanische Großschabe, *Periplaneta americana*, die in New Orleans auch »die Große« genannt wird. (»Die Kleine« ist die Deutsche Schabe.) Um die Grenzen der Tiere auszutesten, baute Jayaram in Berkeley im Labor seines Doktorvaters Robert Full winzige Tunnel und verwendete die schabenzermanschende Maschine.

Zuerst wollten die Forscher bestimmen, wie klein sich eine Schabe machen kann. Dafür wurde die Schabenquetschmaschine verwendet, die sie langsam zusammenpresste und dabei die Wirkkräfte im Körper maß. Es stellte sich heraus, dass die Schaben, ohne Schaden zu nehmen, auf etwas über drei Millimeter zusammengepresst werden konnten – nur ein Viertel ihrer normalen Höhe von etwa zwölf Millimetern.

Dann steckten sie die Insekten in einen Hindernisparcours mit immer kleineren Spalten. Und erkannten, dass sich die Amerikanische Großschabe in etwa einer Sekunde durch eine Lücke in der Höhe von zwei gestapelten Cent zwängen kann, indem sie ihren Körper um 40 bis 60 Prozent staucht.

Sie passt nicht nur durch enge Lücken, indem sie ihr flexibles Ektoskelett abflacht und die Beine zur Seite spreizt, sie läuft auch fast genauso schnell weiter, wenn sie gequetscht ist, berichten Jayaram und Full 2016 in den *Proceedings of the National Academy of Sciences*. Ihre Höchstgeschwindigkeit beträgt etwa 50 Körperlängen in der Sekunde. Das entspricht einem Menschen, der 322 Stundenkilometer schnell läuft.

Damit sie sich nicht um das Schicksal der Schaben in der Quetschmaschine sorgen: Full versichert mir, dass keine verletzt wurde. »Wir drückten nur mit bis zum 900-fachen ihres Körpergewichts«, sagt er. Das ist, als würde man einer Person, die 45 Kilo auf die Waage bringt, ein Gewicht von 40Tonnen aufbürden. Doch selbst das konnte sie nicht beeinträchtigen – sie liefen danach genauso schnell.

Und wie sie laufen! Die Amerikanische Großschabe ist eines der schnellsten Insekten der Welt, in Relation zu ihrer Größe. Bei einem Wettlauf, den Thomas Merritt von der University of Florida 1999 organisierte, schlug nur der australische Sandlaufkäfer *(Cicindela hudsoni)* die Schabe. Was die Schabe zu solcher Schnelligkeit befähigt, sind die Beweglichkeit der Beine und ihre Agilität. Im Jahr 2002 setzten die Wissenschaftler in Fulls Labor den Schaben winzige Kanonen auf den Rücken, um zu sehen, wie sie reagieren, wenn ein Bein durch eine kleine Explosion aus der Balance gerät. Die Schaben – es überrascht kaum – hörten nicht einmal auf zu laufen. Es stellte sich heraus, dass sie mit der Elastizität ihrer Beine den Rückstoß ausgleichen können.

Um den Grund für die Geschwindigkeit und Agilität der Schaben herauszufinden, bestimmte Jayaram, welche Faktoren dazu beitragen. Zuerst entfernte er ihnen die Füße und testete, wie schnell sie dann laufen konnten. »Wir fügten ihnen eine ganze Reihe von Fußschäden zu – doch das machte für diese Kerle keinen Unterschied«, sagt er. Er zeigt mir ein Video davon; die fußlosen Schaben schienen völlig unbeeindruckt. Nur auf einer superglatten Oberfläche verloren sie den Halt.

Als er feststellte, dass der Verlust eines Fußes nichts ausmachte, testete Jayaram, ob die Beine der Schlüsselfaktor für die Geschwindigkeit sind. Mit einem Bein weniger rannte die Schabe fast genauso schnell, auch bei zwei fehlenden Beinen. Bei nur dreien wurden die Sechsbeiner langsamer, erreichten aber immer noch 70 Prozent der Geschwindigkeit. Selbst bei vier fehlenden Beinen waren sie nur um die Hälfte langsamer. »Das ist wirklich beeindruckend«, sagte Jayaram. Ein Schabenbein ist wie ein Schweizer Taschenmesser, so flexibel und multifunktional, dass die Insekten locker überleben, auch wenn welche fehlen.«

So agil sie sind, anmutig sind Schaben nicht. Das wird deutlich, wenn man sie im Video in Zeitlupe laufen sieht oder bei akrobatischen Bewegungen, etwa wenn sie vom Fensterbrett auf dessen Unterseite wechseln. Ihre Bewegungen kann man kaum laufen nennen, es ist eher ein Krabbeln und alles andere als trittsicher oder graziös. Aber sie schaffen es.

Und sie sind enorm flinke Artisten. Eine Schabe, die über den Boden läuft, kann scheinbar ansatzlos eine senkrechte Wand hinaufstürmen. Jayaram wollte wissen, wie ihr das gelingt.

Zuerst dachte er, sie würde mit ihren feinfühligen Fühlern und Augen die Wand erkennen, bevor sie in sie hineinrennt, diese Information schnell verarbeiten, ihre Bewegungen so koordinieren, dass sie sich hinten aufrichtet, und dann die Wandoberfläche hinauflaufen. Er dachte nicht umsonst wie ein Roboterprogrammierer. Aber die Schaben überraschten ihn einmal mehr.

Jayaram baute einen Parcours mit einer Wand am Ende und filmte die Schaben, wie sie den Parcours entlanglaufen und dann die Wand hinauf. Als er das Video in Zeitlupe ansah, fiel ihm auf, dass sie sich nicht im Geringsten darauf vorbereiteten, die Wand hinaufzuklettern. Stattdessen krachten sie mit dem Kopf in die Wand, streckten ihre Hinterbeine aus und verwendeten den Schwung, um hinaufzulaufen. Für den Wechsel in die Vertikale benötigten sie nur 75 Millisekunden.

Die Schaben scheinen ihre Köpfe weniger zum Nachdenken, denn als Stoßstange zu benutzen (eine hervorragende Stoßstange!). Sieht man eine Schabe im Profil, egal welche Art, erkennt man, dass ihr Kopf permanent gesenkt ist wie der einer Gottesanbeterin – und tatsächlich sind sie enge Verwandte, beide gehören zur Überordnung der *Dictyoptera*. Wenn eine Schabe auf eine Wand trifft, absorbieren Kopf und federnde Gelenke weitgehend die Stoßkraft.

Auch andere kleine Tiere besitzen diese Fähigkeit: Mücken überleben den Aufprall von Regentropfen, die größer und schwerer als sie selbst sind. Doch jenseits einer bestimmten kritischen Masse können Tiere eine solche Kollisionsenergie nicht mehr ohne »irreversible plastische Deformation«, wie es Full und Jayaram nennen, ableiten. Das heißt, große Tiere werden zermanscht. So, wie ein Kleinkind hinfällt und wieder aufspringt, während ein Erwachsener sich die Hüfte bricht: Der Impuls des Erwachsenen ist beim Aufschlag viel größer.

Schaben gleichen darin eher Kleinkindern: Sie haben keine Angst, in etwas hineinzukrachen. In über drei Viertel der Fälle scheinen die Schaben sich dafür zu entscheiden, mit dem Kopf vor die Wand zu prallen, statt langsamer zu werden und den Körper aufzurichten. Der Kopf-voran-Ansatz erlaubt ihnen auch, mit Maximalgeschwindigkeit zu laufen.

Nach Abschluss der Promotion und der Bestimmung der vielen Faktoren, die Schaben unbesiegbar machen, wechselte Jayaram nach Harvard, wo er an Schabenrobotern weiterarbeitet, die sich wie die Echten quetschen lassen und flitzen können. Der letzte Versuch ist die schabengroße

HAMR-Serie (Harvard Ambulatory Microrobot, i.e. Harvards gehfähige Mikroroboter, Anm. d. Ü.), die fast genauso schnell läuft wie eine Schabe, steile Anstiege erklettert und schadlos aus großen Höhen fallen kann. Der Bau der Roboter orientiert sich am Ektoskelett der Schaben und den Gliederbeinen – sie verfügen aber nur über vier davon.

Full sieht Schaben und andere Gliederfüßer – Insekten, Spinnen etc. – als den nächsten großen Schritt bei den von der Natur inspirierten Robotern. Im Gegensatz zu weichen, Würmer oder Kraken nachahmenden Robotern können die Insect-Bots laufen, springen, klettern, fliegen und sind dabei flexibel und stark. Das ist bei Robotern nützlich, die in Trümmern oder zerstörten Bauten nach Überlebenden suchen oder in schwierigem Gelände Daten sammeln sollen.

»Wir wissen, dass Schaben überall hinkommen. Sie sind fast unzerstörbar«, sagte Full. Dass Schaben schnell durch enge Räume flitzen können, habe ihnen erlaubt, in fast jeden denkbaren Lebensraum vorzudringen und ihre Konkurrenten auszustechen. Andere Insekten verfügten vermutlich über eigene Versionen dieser superquetschbaren Superkräfte, sagte er.

Ich fragte Jayaram, der 2020 eine neue Stelle an der University of Colorado in Boulder antritt, warum er sich von allen Insekten, die für den Roboterbau eine Inspiration sein könnten, ausgerechnet die Schaben auswählte. Es geschah teils aus Bequemlichkeit – sie sind leicht zu finden und im Labor zu vermehren –, teils aufgrund der umfassenden existierenden Forschung über ihre Biologie. Doch er hatte sich auch gefragt, welches Tier als das lästigste galt. »Wenn man an ein zähes Tier denkt, eines das wirklich schwer zu stoppen, zu töten oder zu zerstören ist, fällt einem als Erstes die Schabe ein«, erklärte er. Das war ein Plus, sagte er, da er einen kleinen, aber robusten Roboter bauen wollte. Zudem empfand er für Schaben alles andere als Zuneigung.

»Wir finden sie genauso abscheulich und abstoßend wie alle«, erzählte mir Full. Doch zumindest sind sie auf nützliche Weise abstoßend.

Du gehst mir unter die Haut

Was tun, wenn ein Insekt eindringt?

Viele Videos gehen viral. Doch eines von 2017 ist besonders denkwürdig. Darin windet sich eine Schabe durch rosa Fleisch und wird schließlich quicklebendig aus einer Frau gezogen. Während sie schlief, war das Insekt durch die Nase in sie eingedrungen. Um eins klarzustellen: Laut den Berichten wurde die Schabe aus dem Schädel der Frau gezogen – aber wenn Sie den kleinen Finger in Ihr Ohr stecken, dann ist er auch im Schädel. Genau genommen war die Schabe in ihre Nebenhöhlen zwischen den Augen gekrabbelt. Das Herausziehen filmte M. N. Shankar vom Stanley Medical College Hospital in Chennai in Indien.

Das ist der Stoff für Albträume: die Vorstellung, dass eines der abstoßendsten Tiere der Erde einem nachts in den Kopf schlüpft. Aber welche Art von Tier krabbelt tatsächlich in Menschen hinein? Wichtiger noch: in welche Teile des Körpers?

Zum Auftakt einige schlechte Nachrichten: Schaben gehören zu den häufigsten Eindringlingen in den menschlichen Körper weltweit. Innerhalb von zwei Jahren wurden in einem Krankenhaus in Südafrika 24 Viecher aus den Ohren von Menschen gezogen: zehn Deutsche Schaben, acht Fliegen, drei Käfer, eine Zecke, eine Raubwanze und eine arg verstümmelte Motte. Laut den Ärzten scheint der häufigste Eintrittsort das Ohr zu sein. Auch wenn niemand exakt Buch führt,[13] »ist es tatsächlich nicht ungewöhnlich, eine Schabe im Ohr zu haben«, sagt der Entomologe Coby Schal von der North Carolina State University. »Die Nase ist ungewöhnlicher.« (Er meint es beruhigend, das ist es aber nicht.)

Es wird noch schlimmer. Das *New England Journal of Medicine* berichtete 1985 vom Fall eines Patienten, der mit Schaben in beiden Ohren in die Notaufnahme kam. Die Ärzte erkannten sofort, dass sie eine ungewöhnliche Gelegenheit zum Experimentieren hatten, wie sie dem Redakteur der Zeitschrift schrieben. Damals war die beliebteste Methode, eine Schabe aus dem Ohr zu ziehen, Petroleum in das Ohr zu tröpfeln und die Schabe dann mit der Hand zu entfernen. Es gab aber auch die Idee, Lidocain hineinzusprühen, ein Betäubungsmittel. Weil in beiden Ohren Schaben waren, konnten die Ärzte die Methoden hier vergleichen.

Da wir »von einem medizinischen Durchbruch träumten, der es sicher wert war, im *Journal* publiziert zu werden, tröpfelten wir das bewährte Petroleum in ein Ohr«, schrieb das Team. »Die Schabe erlag nach tapferem, aber sinnlosem Kampf, doch ihre Entfernung erforderte vom Arzt im Praktikum viel Geschick.« In das andere Ohr sprühten die Ärzte Lidocain. »Die Reaktion kam prompt. Die Schabe schoss wie der Blitz heraus und versuchte, über den Boden zu flüchten.« In diesem Augenblick wandte ein »leichtfüßiger Praktikant prompt ein ebenso bewährtes Mittel an und tötete die Kreatur mit der einfachen Quetschmethode«. Die Ärzte hofften, dass ihre Versuchsreihe, obwohl sie nur aus einem Patienten und zwei Ohren bestand, für die schnelle Extraktion von Schaben lehrreich sein würde.

Und sie hat sich seitdem sicherlich als nützlich erwiesen, obwohl die Notärzte immer noch die Vorzüge von Petroleum und Lidocain debattieren. Beides hat auch Nachteile. Das National Center for Emergency Medicine Informatics rät zum Petroleum, das das Insekt erstickt. Das Problem ist dabei, dass das dauert und man warten muss, bis die Schabe im Ohr tot ist, um sie zu entfernen. Lidocain wirkt schneller, aber es tötet den Eindringling nicht immer, sodass die

Schabe panisch im Ohr herumkrabbelt, eine Erfahrung, die das Zentrum für Notfallmedizin euphemistisch als »unangenehm für den Patienten« beschreibt.

Was suchen so viele Schaben im Ohr? »Schaben suchen überall nach Fressen«, sagt Schal. »Das Ohrenschmalz könnte sie anlocken.« Es enthält Bakterien, die sogenannte flüchtige Fettsäuren produzieren. Auch Fleisch entströmen diese Verbindungen. »Eine Schabe könnte also nachsehen und stecken bleiben«, sagt Schal. Genauso könnte Nasensekret eine Schabe auf der Jagd nach einem Mitternachtssnack anlocken.

Aber auch wenn sie unsere Ohren als Imbissbude betrachten, sind Schaben keine Parasiten. »Die Schabe ist nicht wirklich am Menschen interessiert und wäre nicht auf ihm, wenn er wach wäre«, bemerkt Schal. Daher geschieht so ein Schabenbefall fast immer, wenn die Patienten schlafen.

Die fraglichen Insekten sind meist nicht groß. Obwohl die Schabe im Video aus Indien groß erscheint, sieht Schal sofort, dass sie jung war, vermutlich eine unreife Nymphe der Gattung *Periplaneta*, zu der auch die Amerikanische Großschabe gehört, die manchmal in Häusern zu finden ist.

Angesichts der geringen Größe, sagt Schal, sei es plausibel, dass die Schabe ziemlich weit in die Nebenhöhlen vordrang. Nasenhöhle und Nebenhöhlen sind größer, als man denkt. Sie erstrecken sich zwischen den Augen bis in die Backenknochen. Da sie voll Luft sind, kann ein Insekt dort eine Weile überleben.

Wie lange? »Vielleicht schiebt sich einer Ihrer Leser freiwillig eine Schabe in die Nase und schaut«, witzelt die Entomologin Gwen Pearson, Beratungskoordinatorin für Insekten an der Purdue University. Der Punkt ist: Keiner weiß es. In der Regel ist es jedoch besser, dass das Insekt am Leben bleibt – aus unangenehmen Gründen, die Sie gleich lesen werden –, bis man zur fachkundigen Extraktion in eine Notaufnahme gelangt.

Es kann sogar noch viel schlimmer kommen. Manche Blutegel beispielsweise dringen in jede Öffnung ein, die sie finden, auch in Augen, Vagina, Harnröhre oder Rektum. Im Jahr 2010 beschrieben Wissenschaftler eine besonders beängstigende Art in Peru mit besonders großen Zähnen. Sie nannten sie *Tyrannobdella rex*, abgekürzt: *T. rex*. Bisher fand man sie nur in Nasenlöchern, was ziemlich schmerzhaft sein soll. Da aber ähnliche Arten in andere Öffnungen eindringen, ist es vermutlich nur eine Frage der Zeit, bis wir von einem *T. rex* im Hintern von jemandem hören. (Hoffentlich gibt es dann kein Video.)

Nicht viele Arten, die groß genug sind, um bemerkt zu werden, wagen sich in unseren Mastdarm vor. Doch Fliegen sind nicht wählerisch, sie legen ihre Eier in Menschenfleisch ab, aus denen Maden schlüpfen, die uns fressen. Es gibt sogar einen medizinischen Fachbegriff dafür: die Myiase. Sie kommt in Augen, Nase und Rektum vor und begleitet den Menschen seit Anbeginn.

Ein sehr detaillierter Bericht von 1783 beschreibt die Versuche eines Chirurgen in Jamaika, einem Patienten mit allem Möglichen – von Rum bis eingeblasenem Quecksilberpulver – Maden aus der Nase zu ziehen. Nachdem diese Versuche gescheitert waren, spülte der Arzt die Nebenhöhlen mit »Tabaksud« aus, den er durch Zerquetschen und Auskochen der Blätter gewann. Es gelang, »die Insekten in großer Zahl und in sehr schwachem Zustand herauszubringen«. (Der Patient war an diesem Punkt wohl auch in sehr schwachem Zustand.) Zuletzt entfernte er über 200 Maden und eine durchsichtige, »fünf Zentimeter lange« Substanz mit drei großen Insekten, vermutlich der Ursprung der Maden.

Der Patient war danach »in der Lage, in die Berge zu gehen, um seine Kraft wiederzuerlangen«, berichtete der Arzt. (Nach dieser Tortur brauchte er ganz sicher Urlaub.)

Manchmal merkt man vielleicht gar nicht, dass man befallen ist, so wie die 52-jährige Amerikanerin, bei der während einer Darmspiegelung eine Schabe im Darm gefunden wurde. Sie berichtete von einer Schabenplage bei sich zu Hause. Die Ärzte vermuten daher, dass sie das Tier irgendwie im Ganzen schluckte. Sie erwähnen, dass Endoskopien auch schon Ameisen, Marienkäfer und sogar Wespen zutage förderten. Autsch!

Sie spüren jetzt, wie sich Panik in Ihnen breitmacht, aber keine Angst. Krabbelt Ihnen eine Kakerlake in Nase oder Ohren, ist eine Infektion das Schlimmste, was passieren kann. Deshalb habe ich versprochen, Sie zu bitten, das Insekt am Leben zu lassen, falls eine professionelle Entfernung nötig ist: Sie wollen nicht, dass es stirbt. Bakterien werden sofort mit der Zersetzung anfangen und dann kann sich die Infektion von den Nebenhöhlen ins Hirn ausbreiten.

Infolge einer lebenden Schabe in den Nebenhöhlen eine Infektion zu bekommen, ist hingegen sehr unwahrscheinlich. Auch wenn man Schaben für dreckig und Bakterienträger halte, sagt Schal, würden sie sich tatsächlich ständig putzen. Das größte Risiko sei, die Schabe bei der Entfernung zu zerquetschen und so die Unmengen an Bakterien freizusetzen, die sie in den Eingeweiden hat. *Das* könne erst recht zu Infektionen führen.

Zum Glück sind Ihre Chancen, mit einem Insekt im Körper aufzuwachen, an den meisten Orten gering. Die häufigsten Berichte erreichen uns aus den Tropen, wo es mehr Insekten und Fälle von Hausbefall gibt.

Und zuletzt: Glauben Sie nicht jede Horrorstory, die Sie online finden! »Ich sehe so viele Fake-Videos von Spinnen unter der Haut«, sagt Pearson. Zum Beispiel verbreitete sich online ein Bericht über eine Spinne, die durch eine Blinddarmnarbe eingedrungen sei. Doch Spinnen graben sich nicht durch Wunden und krabbeln ganz sicher nicht unter der Haut herum.

Wollen Sie Insekten im Körper vermeiden, sollten Sie Ihr Haus von Befall freihalten – zum Beispiel, indem Sie Nahrungsmittel sicher verpacken und nicht im Schlafzimmer aufbewahren.

»Insekten sind überall um uns herum«, sagt Pearson, »und alles wird gut werden.«

Der schlimmste Stich der Welt

Zwei Wissenschaftler opfern sich.

Eines Tages, Justin Schmidt fuhr mit dem Fahrrad, ging etwas schrecklich schief. »Ich schnaufte, mein Mund stand offen und diese blöde Biene flog hinein und stach mich in die Zunge«, erzählt er. Er stürzte und hatte heftige Schmerzen. Später beschrieb er den Stich als »unmittelbar, widerlich, tief, lähmend. Zehn Minuten lang ist das Leben nicht lebenswert.«

Es war nicht der schlimmste Stich, den man erleiden kann. Dazu kommen wir noch. Doch die Intensität überraschte ihn – was selbst überraschend ist, da Schmidt als Entomologe an der University of Arizona schon von 78 Hautflüglerarten über tausend Mal gestochen wurde. Zu dieser Ordnung gehören Bienen, Wespen und Ameisen. Er ist heute für seinen vierstufigen Schmidt-Stichschmerz-Index berühmt, der die Leiden genauso wortreich beschreibt wie eine snobistische Benotungen für Scotch. (Die Rote Feldwespe hat zum Beispiel eine Drei, ein Schmerz, der »ätzend und brennend ist, mit einem bitteren Nachgeschmack. Als ob man einen Becher Salzsäure über eine Schnittwunde schüttet.«)

Ein Honigbienenstich mit der Note Zwei ist für Schmidt im Normalfall nichts. »Langweilig«, sagt er. Doch der Stich in die Zunge war etwas völlig anderes. Entscheidend ist, wo man gestochen wird. Als daher der Student Michael Smith von der Cornell ihn vor einigen Jahren mit dem Plan kontaktierte, sich überall am Körper stechen zu lassen, um den Schmerz zu erfassen, gab Schmidt ihm einen Rat: Stich dir nicht ins Auge, Kind. Aber sonst mach es!

Smith erforscht Bienen und hatte mit Bienenzüchtern gesprochen. Obwohl alle wussten, dass sich Stichschmerz unterscheidet, hatte nie jemand ihn systematisch gemessen. Ist die Stärke überall dieselbe? Warum schmerzt es an einigen Stellen mehr? »Jemand musste es tun«, sagt er, »daher macht man es als Wissenschaftler. Das Motiv ist Neugier.«

Schmerz ist schwierig zu erforschen, da er schwer zu quantifizieren ist. Wir sind uns zum Beispiel alle einig, dass es schmerzhafter ist, mit einer Nadel gestochen zu werden, als wenn ein Gummi auf uns schnalzt. Doch genau zu bewerten, wie sehr es schmerzt, fällt uns schwer. Um dieses Problem zu umgehen, ersannen Wissenschaftler verschiedene numerische Schmerzskalen.

Zur Bewertung der Stiche auf seinem Körper wählte Smith eine Zehn-Noten-Skala und entwickelte ein standardisiertes Selbststich-System. Er führte alle Versuche an sich selbst durch, so gab es zumindest keine verschiedenen Ansichten. Als Maßstab diente ein Stich in den Unterarm, der eine Fünf erhielt. Mit ihm begann und beendete er auch seine täglichen Stichsitzungen als Erinnerung, wie sich eine Fünf anfühlt.

Smith ließ sich an 24 Stellen mehrmals von Honigbienen stechen, von oben am Kopf bis zur Spitze des mittleren Zehs. Und er drückte sich nicht vor den Stellen, die besonders ängstigen: Brustwarzen, Hoden und Penis. Nach drei Stichrunden stellte Smith fest, dass die schmerzhaftesten Stellen für Stiche Nasenlöcher und Oberlippe sind, gefolgt vom Penisschaft. Dort ist die Haut dünn, was dem Stechenden erlaubt, tief einzudringen und Gift in Areale mit gut durchbluteten Nervenenden zu spritzen. Als die Studie 2014 publiziert wurde, erhielt der Penis in der Presse am meisten Aufmerksamkeit, aber Smith versicherte mir: »Das Nasenloch ist am schlimmsten!« In seiner Arbeit schreibt er, dass Stiche im Nasenloch »besonders heftig waren und sofort Niesen, Tränen und reichlich Schleimfluss verursachten«.

Es ergibt Sinn, dass Nase, Mund und Augen das Ziel stechender Insekten sind, und auch, dass wir sie besonders schützen, da sie für Atmung und Sehkraft entscheidend sind. »Schmerz ist nicht umsonst«, sagt Smith. Er motiviert uns dazu, die lebenswichtigen Funktionen zu schützen.

Michael Smiths Skala der schlimmsten Stichstellen kombiniert mit Justin Schmidts Stichschmerz-Skala liefert eine gute Analyse der schlimmsten Stiche. Und das führt zur nächsten Frage: Was ist der Gipfel des insektenindizierten Leidens? Beide Wissenschaftler sind sich einig, dass eine 24-Stunden-Ameise an der Nase vermutlich den Spitzenplatz belegt. Für Schmidt ist der Stich »wie mit einem Acht-Zentimeter-Nagel im Fuß über glühende Kohlen zu laufen«.

Aber für Schmidt könnte eins noch schrecklicher sein. »Eine Kriegerwespe an der Nase oder Lippe könnte es sein«, bemerkt er – besonders, da die starke Schwellung Tage anhalten kann. »Es ist entzündet und rot und du bist ein wandelndes Elend.«

Der Stich der 24-Stunden-Ameise verursacht weder große Schwellungen, noch hinterlässt er Spuren. »Es ist fast enttäuschend, das zu erleiden. Man gilt als Heulsuse und kann nicht einmal eine rote Stelle vorweisen«, sagt Schmidt. »Sie nehmen dir selbst diese Genugtuung.«

24-Stunden-Ameisen verwenden ein besonders ekliges Molekül: Poneratoxin. Das kleine Peptid hält die molekularen Kanäle offen, die sonst die Schmerzsignale in den Nerven abstellen. Daher liefern diese Neuronen stundenlang ständig Schmerzsignale. Das ist nur eine der vielen Methoden, die stechende Insekten im Laufe der Evolution entwickelten, um Gift gezielt einzusetzen, und es ist zweifellos eine der erfolgreichsten, um puren Schmerz zuzufügen.

Und das ist das Ziel der Ameise. Anders als Tiere, die Gift injizieren, um die Beute zu töten, sticht die Ameise nur zur Verteidigung – und das funktioniert. Ein Lebewesen, das sich mit einer 24-Stunden-Ameise anlegt, wird diesen Fehler kaum wiederholen.

Ich erinnere mich, wie ich vor über zehn Jahren in den Regenwäldern Costa Ricas forschte und genau darauf achtete, wohin ich trat. Denn in meinem Labor hatte, vor meiner Zeit dort, eine 24-Stunden-Ameise unseren Studienberater gestochen. Alan schrie unaufhörlich, erzählte mir ein Kommilitone. Ich konnte mir nicht vorstellen, was Alan zum Schreien bringen konnte, und wollte es auch nicht herausfinden.

Trotz der Schmerzen, versichern mir Smith und Schmidt, habe es gelohnt. »Ich lebe meinen Traum«, sagt Smith. »Ich arbeite mit Bienen.« Und Schmidt: »Bei der Beziehung zwischen stechenden Insekten und Menschen geht es eigentlich um uns. Es ist ein Psychokrieg, und sie gewinnen.«

Teil vier

UNFEINE

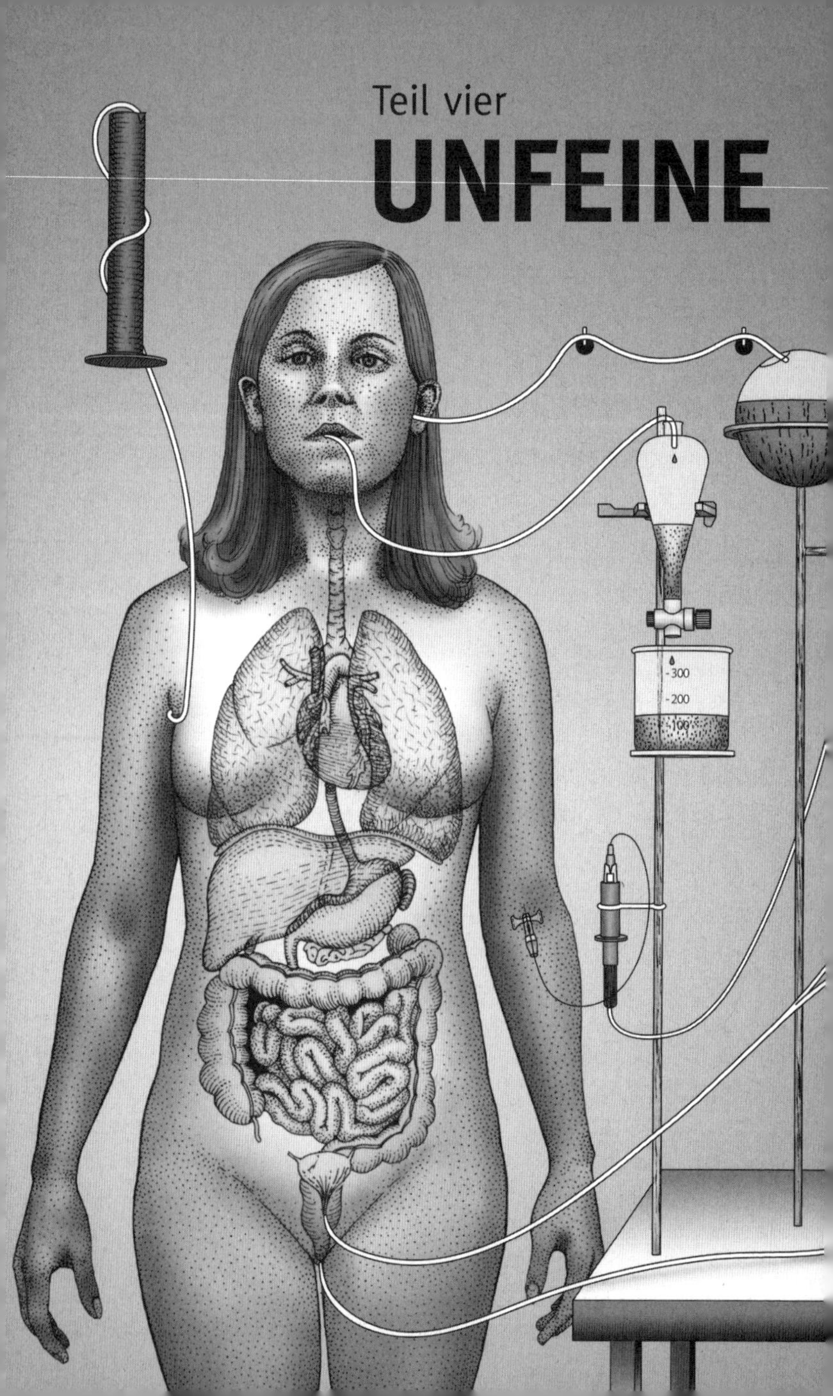

ANATOMIE

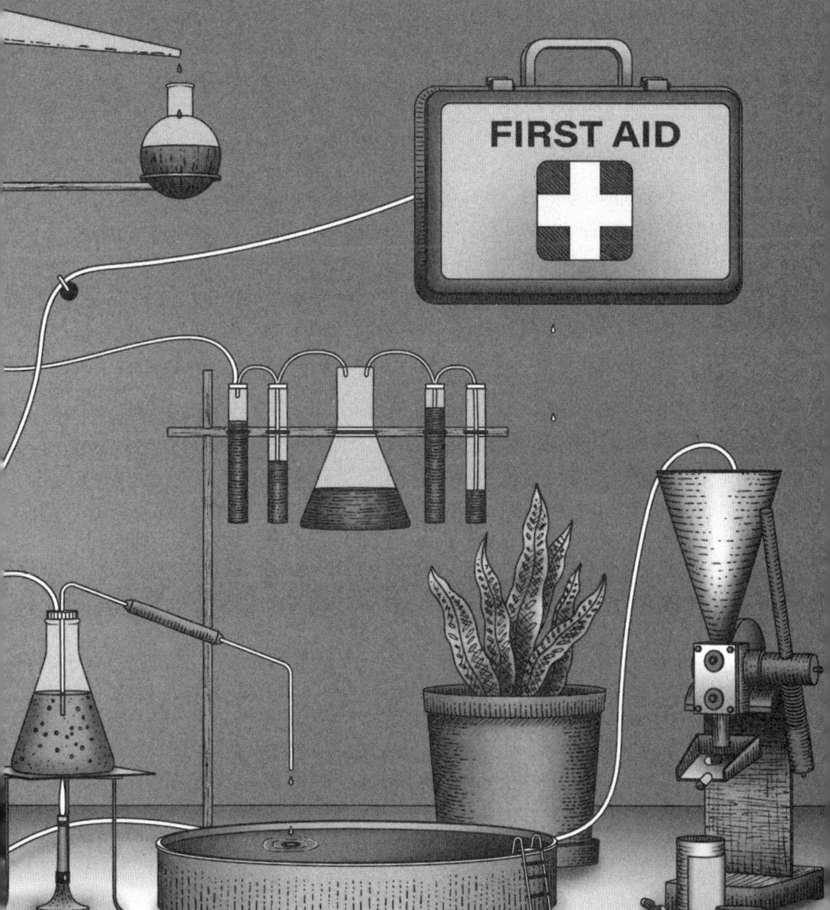

Absondern oder ausscheiden?

Rutschfahrt durch die ungeschätzten Bereiche unseres Körpers

Welcher Stoff, den unser Körper produziert – Schleim, Schmalz, Öle, Flüssigkeiten –, der am meisten geächtete ist, das ist schwer zu sagen. Kot ekelt uns sicher am meisten, damit befassen wir uns ungern öffentlich; dann ist da das Menstruationsblut mit seinen speziellen Tabus; oder der Speichel – öffentliches Spucken ist vielerorts geächtet. Jemanden anzuspucken ist eine sichere Methode, aneinanderzugeraten. Und lassen Sie uns das fast weltweit geschmähte Ohrenschmalz nicht vergessen.

Doch wie Sie sehen werden, verdienen auch unsere unangenehmsten Ausscheidungen eine nähere Betrachtung. Manchmal sind sie unbesungene Helden unserer Anatomie – wie der Kot, der heute zur Heilung tödlicher Infektionen verwendet wird. Ein andermal sind sie Bösewichte – der Speichel unserer Haustiere kann etwa eine überraschende Vielfalt an Krankheitserregern enthalten. Oder sie werden missverstanden. Es scheint zum Beispiel einleuchtend, dass Schweiß Schadstoffe aus den Körper schwemmt, doch laut der Wissenschaft überschätzen wir diese Fähigkeit.

Doch alle Sekrete haben etwas gemeinsam und dafür opfern wir oft mehr Geld, um sie loszuwerden, als sie zu erforschen. Ob nun Urin, Kot, Blut, Schweiß, Speichel oder Ohrenschmalz – Körperflüssigkeiten ekeln uns an, also gehen wir gegen sie vor. Ein typisches Beispiel: Können wir Schweiß nicht vermeiden, überdecken wir den Geruch, nicht nur mit einem Antitranspirant, sondern auch noch mit einem Deodorant. Wir geben Milliarden aus, um unsere Ausscheidungen zu verstecken, 2019 weltweit 75 Milliarden Dollar allein für Antitranspirante und Deodorants.

Wir verdecken oft auch die Körperteile, die solche Substanzen produzieren und tragen, und neigen dazu, Körperkanäle und -öffnungen mit den Abwassersystemen der Städte gleichzusetzen: Solange sie nicht verstopfen, muss man auch nicht darüber nachdenken. Und wenn wir es tun, dann betrifft es die anatomischen Stellen mit den meisten Tabus. Doch hinter den geschlossenen Badezimmertüren beschäftigen wir uns intensiv mit unseren Sekreten und Ausscheidungen. Wir führen einen stillen Krieg gegen sie.

Noch ein Wort zum Unterschied zwischen beiden. In der Medizin wird ein Sekret innerhalb des Körpers von Ort zu Ort transportiert. Eine Drüse gibt etwa ein Hormon in die Blutbahn ab. Eine Ausscheidung wird vom Körperinnern nach außen transportiert. Tränen, Schweiß und Kot sind alles Ausscheidungen. Ohrenschmalz ist ein etwas kniffliger Fall, da es durch spezialisierte Schweiß- und Talgdrüsen in den Gehörgang ausgeschieden wird, doch letztlich den Körper verlässt. Man könnte also sagen, dass die Ohren ausscheiden.

Wie Sie diese intimen Stoffe auch nennen, sie sind für unsere Gesundheit und für unser Wohlbefinden wichtiger, als Sie vielleicht denken. Ein Beispiel dafür ist der Speichel. Er enthält viele Stoffe, die früh auf Krankheiten hinweisen können – von Viren ausgelöste wie Masern und Mumps bis zur Mukoviszidose, die den Kalzium- und Natriumgehalt erhöht. Selbst im Mund macht Speichel mehr, als nur unser Essen zu befeuchten und den Verdauungsprozess zu starten. Er spielt auch beim Schmecken eine entscheidende Rolle, da er die Aromamoleküle im Essen zu den Geschmacksknospen bringt, und er badet die Zunge in Verbindungen, die die schnelle Erneuerung ihrer Zellen fördern und so den Geschmacksinn erhalten.

Selbst der Schleim, der das Rektum feucht hält und von dessen Existenz die meisten von uns nichts wissen, erweist sich als wichtig, wenn Sie sich damit befassen, so wie das eine kühne Gruppe von Wissenschaftlern machte. 2017 berichtete ein Team um David Hu vom Georgia Institute of Technology in der Chemie-Zeitschrift *Soft Matter*, dass Säugetiere egal welcher Art für ihren Stuhlgang etwa zwölf Sekunden benötigen – plus, minus sieben Sekunden. Die Größe des Tiers und seiner Kacke spielen da keine Rolle: Katzen, Hunde, Gorillas und Elefanten brauchen dafür alle etwa zwölf Sekunden.

Und wieso? Dank des Darmschleims! »Kot gleitet im Dickdarm eine Schleimschicht entlang, ähnlich wie ein Bob in der Bobbahn«, schrieben sie. Je größer das Tier, desto dicker ist die Schleimschicht, die den Auswurf der größeren Kotmenge in derselben Zeit ermöglicht. Das ist skatologisch interessant, kann aber auch für die Gesundheit wichtig sein: Bei einer Verstopfung ist im Darm nicht genügend Schleim vorhanden. Durch die mathematische Modellierung des Exkrementflusses fand Hus Team heraus, dass die Dauer des Stuhlgangs ein nützlicher Hinweis auf Verdauungskrankheiten sein könne – wenn es nur etwas länger oder kürzer dauert als normal, dann stimmt etwas nicht.

Doch die moderne Medizin brauchte lange, um diese und andere Wunder der Exkremente zu entdecken – vielleicht, weil die meisten Wissenschaftler wie wir ihre Tage nicht unbedingt damit verbringen wollen, in sich einzutauchen.

Die alten Griechen und Römer waren nicht so zimperlich. Sie entwickelten um die Körperflüssigkeiten ein ganzes Medizinsystem. Für 2000 Jahre beherrschte das Konzept der vier Körpersäfte die westliche Medizin: gelbe Galle, schwarze Galle, Blut und Schleim. Das Gleichgewicht dieser Säfte galt als Schlüssel zu Gesundheit und Glück: Zu viel schwarze Galle führte zu Melancholie oder Depression, zu viel gelbe Galle zu Fieber oder Aggression. Die Behandlung eines Ungleichgewichts beinhaltete oft den Versuch, das Überschüssige abzuführen, weshalb der Aderlass für alle Arten von Krankheiten beliebt war. Die Körpersäfte entsprechen auch nicht völlig unseren heutigen Körperflüssigkeiten. Die moderne Medizin kennt zum Beispiel nur eine Sorte Galle und die ist grünbraun. Die alten Kategorien entstanden wohl durch die Beobachtung der Farben des Bluts, wenn es sich verfestigt und in gelbe (Serum), weißliche und rote (weiße und rote Blutkörperchen) und schwarze (geronnenes Blut) Schichten trennt.

Auch die traditionelle chinesische Medizin ordnet die Körperflüssigkeiten den wichtigsten Stoffen des Körpers zu. Die vitalen Substanzen (Jin-Ye) umfassen das Blut und Flüssigkeiten, die den Körper nähren und schmieren, wie Schleim, Sperma, Speichel, Schweiß, Tränen etc. Sie ergänzen die Lebenskraft Qi (altmodisch: Ch'i). Auch in diesem System kann, wie bei den Körpersäften, ein Zuviel oder Zuwenig eine Erkrankung bedeuten.

Wenn wir uns ein wenig von der Antike inspirieren lassen und unsere Sekrete und Exkremente genauer betrachten, so wie einige mutige Wissenschaftler, können wir Überraschendes entdecken. Wie die folgenden Kapitel zeigen, gibt es noch viel zu lernen. So entwickelten wir über die Jahre viele tief verwurzelte Mythen und Falschinformationen. Ich weiß zum Beispiel nicht, warum viele Menschen glauben, Urin sei steril und daher ein gutes Spülmittel für Wunden – aber diese Behauptung wurde und wird immer wieder vorgetragen, trotz neuer Forschungen, die zeigen, das fast kein Teil unseres Körpers wirklich steril ist. Und der Aderlass hielt sich über Tausende Jahre, trotz der Tatsache, dass wir das Blut zum Leben benötigen.

Was lohnt sich, über unsere »unfeinen« Körperstellen zu lernen? Welche Überraschungen bergen sie? Vielleicht können wir unsere Fette, Flüssigkeiten und Abgänge zumindest etwas mehr würdigen, wenn sie durch unser Leben wandern, statt zusammenzuzucken und alle Spuren von ihnen wegzuschrubben. Ich hoffe, Sie werden etwas Neues über Ihren Körper lernen und Ihre Sekrete vielleicht sogar auf völlig neue Weise betrachten: als wertvolle Flüssigkeiten.

Goldschürfer

Wenn Ihnen die Ohren lieb sind, Finger weg von Wattestäbchen!

Nur wenige wissen Ohrenschmalz wirklich zu würdigen. Der klebrige Stoff heißt in der Fachsprache Cerumen und ist eine Mischung von Sekreten aus Drüsen in den Ohren. Und er ist sehr speziell: Er hat nicht nur antimikrobielle Eigenschaften, die uns vor Infektionen schützen, er trägt auch den Dreck hinaus, während er langsam aus dem Gehörgang läuft.

Trotz dieser Nützlichkeit sei Ohrenschmalz ein »missachtetes Körpersekret«, klagt der Chemiker George Preti, der am Monell Chemical Senses Center in Philadelphia menschliche Körpergerüche erforscht. Ohrenschmalz wurde viel weniger erforscht als Kot und vermutlich auch weniger als Speichel. In der Wissenschaftsliteratur taucht Ohrenschmalz heute seltener auf als Nasensekrete. (Aber wen juckt's?)

Preti wäre vermutlich das erste Mitglied eines Ohrenschmalz-Fanclubs, wenn es einen gäbe. Doch in der Ohrenschmalzforschung erscheinen immer wieder dieselben wenigen Namen, die jährliche Gala dieses Clubs wäre eine kuschlige Versammlung – eher eine Cocktailparty. (Wenn Sie eine große Halle füllen wollen, sollten Sie die vielen Ohrenschmalzentferner einladen.)

Die lange Geschichte des Ohrenschmalzpulens kennt begeisterte Erfinder und kreative Methoden und reicht mindestens bis 1897 zurück, als Dr. Alfred Hinde im renommierten *Journal of the American Medical Association* seine Kreation präsentierte, einen »an einem Ende erhitzten, abgeflachten Eisendraht, der eine halbe Umdrehung gedreht« wurde. Schaut man sich eine Zeichnung von dem Gerät an, scheint es schmerzhaft gewesen zu sein, es anzuwenden.

Und die Tradition lebt. Erst 2011 beantragte der Erfinder Steven Burres ein Patent für »ein Ohrenschmalzentfernungsgerät mit verschiedenen Strukturen für verschiedene Ohrenschmalzentfernungsfähigkeiten«. Er fügte 24 Abbildungen der verschiedenen Strukturen bei, Stäbchen mit allen möglichen bedrohlichen Höckern, Borsten und Vorsprüngen sowie »eine schraubenartige Struktur, um das Wachs beiseite zu schieben und den Gehörgang zu polieren, während sie sich dreht«.

Ein anderes Gerät von 2012 sieht aus wie der Kopf einer elektrischen Zahnbürste und besitzt eine Funktion, die dem Betreiber mitteilt, wie tief er gerade nach Gold schürft. Noch verstörender ist ein Patent von 1966 für ein Gerät, das zugleich als Zahnbürste, Zungenkratzer und Ohrenschmalzentferner dient. Da will man doch nicht das falsche Ende erwischen.

Doch die Ironie angesichts dieser Ohrenschmalz-Manie ist, dass die meisten es einfach sein lassen sollten. Unsere Ohren sind selbstreinigend wie ein Ofen, und Ohrenschmalz ist ihr Spüli. Es löst sich von selbst ab und fällt heraus – es besteht also kein Grund, es zu entfernen, außer ein Arzt sagt, Sie hätten zu viel davon oder einen Pfropf im Ohr. Das ist gar nicht so selten: Laut der American Academy of Otolaryngology-Head and Neck Surgery haben etwa eines von zehn Kindern und einer von 20 Erwachsenen zu viel oder verklumptes Cerumen. In diesem Fall sollte es ein Arzt entfernen. Das Schmalz entsteht im äußeren Drittel des Gehörgangs und wird von einem eingeführten Gegenstand lediglich tiefer hineingeschoben, was das Ohr verstopft, anstatt es zu reinigen. Doch wir machen meist unbeirrt weiter. (Auf den Wattestäbchen steht explizit: Nicht in den Gehörgang einführen! Doch genau das tun die meisten.)

Genauso soll es Hals-Nasen-Ohren-Ärzte geben, die förmlich eine Sucht nach der Behandlung mit Ohrkerzen entwickelt haben. Falls Sie das nicht kennen: Eine angezündete Hohlkerze steckt im Ohr und eine Kombination aus Wärme und Unterdruck saugt angeblich das Ohrenschmalz heraus. Nur funktioniert das nicht. Was Ohrenärzte dazu meinen, ist im Titel des 2004 im *Journal of Laryngology & Otology* erschienenen Artikels »Ohrkerzen: ein Triumph der Ignoranz über die Wissenschaft« gut zusammengefasst. Über die Jahre zeigten Tests, dass Ohrkerzen wenig bis keine Wärme und keinen Saugeffekt produzieren – zudem können heiße Wachstropfen das Trommelfell verbrennen. »Die unausweichliche Schlussfolgerung ist, dass Ohrkerzen mehr schaden als nützen«, ist das Fazit des Artikels.

Fand sich allerdings jemand, der das Ohrenschmalz untersuchte, statt Dinge in Brand zu stecken, um es zu entfernen, wurde es überraschend interessant. Preti, der auf Achsel- und Mundgerüche spezialisiert ist – er ist also nicht zimperlich –, hat in seinem Geruch versteckte Schätze entdeckt. So befand er 2014 mit einigen Kollegen, dass es bei verschiedenen Ethnien unterschiedlich riecht.

Das Ohrenschmalz von Menschen europäischer oder afrikanischer Herkunft ist demnach meist gelb und klebrig. Ostasiaten und Indigene Nordamerikas haben trockene, weiße Flocken und Krümel. Und für alle mit der gelben Sorte: Ich sage es Ihnen nur ungern, aber Ihr Ohrenschmalz stinkt. Zu den Verbindungen, die zum Eau de Europe beitragen, gehören zwei Säuren, die wie Käsesocken riechen – 2-Methylbuttersäure und Isovaleriansäure –, und eine, die wie Ziege riecht, die Capronsäure.

Der Unterschied rührt zum Teil von einer Punktmutation im ABCC11-Gen her: Nur ein kleiner Buchstabe im genetischen Alphabet erspart den Ostasiaten/nordamerikanischen Ureinwohnern sowohl riechende Achselhöhlen als auch klebriges, stinkendes Ohrenschmalz. Dank dieses Gens fehlt den meisten von ihnen ein Stoff, bei dessen Verdauung durch Bakterien der Körpergeruch entsteht, und sie haben weniger der oben erwähnten Verbindungen in ihrem Ohrenschmalz.

Das Ohrenschmalz sagt nicht nur etwas über die Gene eines Menschen aus. Es hilft auch bereits, zwei Krankheiten zu diagnostizieren, noch bevor man sie im Blut oder Urin feststellen kann. Eine heißt Leuzinose. Sie lässt den Urin nach Ahornsirup riechen, ist aber tatsächlich eine gefährliche und tödliche Stoffwechselstörung. Die andere heißt Alkaptonurie, eine Stoffwechselstörung, die dunklen Urin verursacht, der sich nach einiger Zeit schwarz verfärbt. Das Ohrenschmalz ist dann rotbraun oder schwarz. Es erwies sich zudem, dass mit Ohrenschmalz noch weitere Krankheiten wie Hepatitis und einige Krebsarten sowie toxische Chemikalien nachgewiesen werden können.

Und die Liste wird länger. Die physikalischen Eigenschaften des Ohrenschmalzes erweisen sich als erstaunlich. Vor einigen Jahren fing die Doktorandin Alexis Noel an, sich für die Physik dieser Ausscheidung zu interessieren, nachdem ihrem Freund ein Pfropf aus dem Ohr entfernt worden war. Sie studierte an der Georgia Tech bei David Hu, dem Forscher mit dem Hang zur Dynamik des Stuhlgangs. Nach vielen Experimenten entdeckte sie, dass Ohrenschmalz ein nichtnewtonsches, scherverdünnendes (pseudoplastisches) Fluid ist: Diese speziellen Substanzen sind die meiste Zeit weiche Feststoffe, fließen aber wie Flüssigkeiten, sobald Kraft auf sie ausgeübt wird. (Das ist zum Beispiel bei meiner Handy-Schutzhülle praktisch, die einen solchen Stoff an den Kanten nutzt, um den Stoß eines Sturzes zu dämpfen.)

Noel wunderte sich, was eine solche Substanz im Ohr macht. Daher maß sie ihre physikalischen Eigenschaften bei Menschen, Schweinen, Hunden und Kühen. Als sie den menschlichen Gehörgang filmte, sah sie, dass die Kieferbewegungen beim Sprechen und Kauen Druck ausüben, der das nichtnewtonsche Schmalz fließen lässt. Der Schmutz wird so aus den Ohren getragen. Wenn sich Schmutz und Teilchen ansammeln, wird es zudem krümelig. Dann kann das alte, schmutzige Schmalz aus dem Ohr fallen und durch frisches ersetzt werden, ohne das es sich übermäßig ablagert.

Das ist ein raffinierter Trick. Noel schlägt sogar vor, in der Konstruktion von Filtersystemen klebrige Schichten zu verwenden, die Ohrenschmalz ähneln. In nicht allzu ferner Zukunft könnte man sich dann beim Arzt einer diagnostischen Untersuchung des Ohrenschmalzes unterziehen, während man in der kalten Luft zittert, die über vom Ohrenschmalz inspirierte Luftfilter ausströmt.

Oder noch einfacher: Das nächste Mal überlegen Sie zweimal, bevor Sie mit einem Wattestäbchen oder einer Kerze das Ohrenschmalz in den Gehörgang stopfen. Schon das wäre ein Fortschritt. Und wer weiß? Vielleicht bekommt das Cerumen noch die Anerkennung, die es verdient.

Beckenpinkler

Es ist unanständig, es passiert – und es ist leicht giftig.

Lassen Sie uns vorausschicken, dass der nächste Pool, in den Sie springen, sehr wahrscheinlich Pisse enthält. Auch ein klein bisschen Kot, ein Schuss Schweiß und die Hautzellen von einigen Personen werden herumschwimmen.

Swimmingpools sind im Grunde große blaue Toilettenschüsseln, für ihre Besitzer eine ständige Herausforderung. Am Pool einer Freundin aus Kindertagen stand ein Schild: »Willkommen in unserem ool. Beachte, da ist kein ›P‹. So soll es bleiben!« Natürlich pinkelte ich trotzdem hinein. Dann erzählte mir meine Freundin von einer Chemikalie, die Urin rot färbt und Pinkler in eine beschämende Farbwolke taucht. Da hörte ich auf. Jahrelang fürchtete ich, dass ein Pool diese Substanz enthalten könne und zog mich aus dem Wasser, um mir die Mühe zu machen, mich auf der Toilette aus dem Badeanzug zu pellen.

Es war eine effiziente Abschreckung – die ich hier demontieren muss: Es gibt keine solche Chemikalie. Das ist eine moderne Legende – basta. Sie wurde jahrzehntelang benutzt und die Poolverkäufer wurden ständig nach »Urinindikatoren« gefragt. Obwohl es plausibel klingt, funktioniert es chemisch nicht. Es müsste ein für Urin spezifischer Stoff sein, der alle anderen organischen Substanzen im Wasser ignoriert und in so großen Mengen ohne Gefahr in Pools geschüttet werden könnte, dass genügend Moleküle eine Verfärbung deutlich sichtbar machen würden.

Kein Wissenschaftler brütet gerade über einer solchen Substanz. Vermutlich ist das auch gut so, sonst würde sich jeder Pool dieser Welt sehr schnell rot färben. Aber das heißt nicht, dass die Wissenschaft nicht an der Poolpinkelproblematik arbeitet. In den letzten Jahren machten sich die Forscher daran, die Frage zu beantworten, die jeden schuldbewussten Pinkler plagt: Was geschieht mit Urin im Pool?

Die Antwort ist nicht schön. Chemiker berichteten 2017, dass ein typisches Schwimmbadbecken um die 75 Liter Urin enthält und der durchschnittliche Privatpool um die 7,5 Liter. Sie kamen auf diese Werte, indem sie in zwei kanadischen Städten in 31 Swimmingpools die Menge des Süßstoffs Acesulfam maßen. Da der Süßstoff nicht verdaubar und fast bei jedem im Urin schwimmt, ist er ein guter Marker für die Urinmenge im Becken.

Eine Studie von 2014 verkündete noch schlechtere Nachrichten: Urin bildet in gechlortem Wasser eine toxische Chemikalie, das Chlorcyan. Dieser Stoff entsteht, wenn das Chlor aus dem Pool mit dem Stickstoff im Urin reagiert. Er wirkt wie Tränengas, brennt in den Augen, der Nase und den Lungen und gilt als chemischer Kampfstoff. (Die darauffolgenden Schlagzeilen wie »Warum In-den-Pool-pinkeln chemische Kriegsführung ist« waren vorhersehbar.)

Aber wie schlimm ist das angesichts all der schlimmen Dinge, die in einem Swimmingpool geschehen? Muss man sich beim nächsten Eintauchen wirklich wegen gefährlicher Chemikalien Sorgen machen? In der Studie von 2014 mischten die Forscher im Labor Harnsäure mit Chlor. Im schlimmsten Fall – es handelte sich um einen Cocktail aus Urin und Schweiß gemischt mit hoher Chlor-Konzentration – fanden sie in einer Milliarde Moleküle etwa 30 Moleküle Chlorcyan. Das ist unterhalb des Grenzwerts der Weltgesundheitsorganisation von 70 Molekülen pro Milliarde für die maximale Konzentration von Cyan-Verbindungen im Trinkwasser.

Noch mal: Das war der Maximalwert im Labor, nicht in einem wirklichen Swimmingpool. In einem Gedankenexperiment errechnete die Journalistin Casey Johnston von *Ars Technica*, wie viel Urin es braucht, um in einem Olympiabecken eine Chlorcyan-Konzentration zu erreichen, die schnell zu »Koma, Krämpfen und Tod« führt: 2500 Moleküle pro Milliarde.

»Letztlich bräuchten wir einen Pool mit zwei Teilen Wasser und einem Teil Chlor, was einem vermutlich die Augäpfel herausbrennen und die Haut von den Knochen schälen würde«, schreibt Johnston. »Wenn Sie und drei Millionen andere in diesen Pool gehen und sich erleichtern würden, bevor ihre Körper sich auflösten, bevor die Menge Sie zu Tode quetschte und bevor Sie in der gewaltigen Flutwelle von Urin ertranken … ja, dann könnten Sie an einer Chlorcyan-Vergiftung sterben.«

Als ich mir diese Rechnung näher ansehen wollte, verwirrte ich die Forscher, die die Studie durchgeführt hatten. Ihre Versuche waren darauf ausgerichtet, die niedrige Konzentration in einem typischen Pool zu zeigen, und nicht darauf herauszufinden, wie viel es braucht, um eine ganze Poolparty umzubringen. Es bräuchte vermutlich eine ganze Menge Urin, um den Pool so zu vergiften, dass man darin sterben würde. Doch die Forscher wiesen darauf hin, dass es auch bei viel kleineren Mengen im Pool noch gesundheitliche Risiken gibt. Und ehrlich gesagt, wäre es ganz einfach, alles Chlorcyan zu eliminieren: Pinkeln Sie einfach nicht in den Pool!

Im Anhang der Studie versteckt sich eine Rechnung, die die Forscher für einen kleinen Privatpool, der von 20 Personen benutzt wird, erstellten. Wenn man annimmt, dass nur einige davon in den Pool pinkeln, sodass es für alle 20 Personen durchschnittlich 50 Milliliter ergibt, also etwa ein

Schnapsglas voll, dann würde der Pool pro Liter zwölf Mikrogramm Chlorcyan enthalten. Das sind 12 Moleküle pro Milliarde – das ist nicht viel, aber mehr chemischer Kampfstoff, als man sich idealerweise im Erholungsgebiet Garten wünscht.

Interessant ist, dass die Verbindung von Urin und Chlor auch Trichloramin (ein weiterer Stoff, der die Lunge reizt), und einen Hauch Chloroform bildet. In den letzten Jahren äußerten Forscher den Verdacht, dass Trichloramin ein Grund dafür sein könne, warum Asthma unter Kindern häufiger werde. In einer Studie von 2018 maßen Forscher in Schweden die Trichloramin-Konzentration in Kinderschwimmbecken und befanden, dass diese Chemikalie das Risiko für Asthma erhöht.

Das heißt nicht, dass wir jetzt sofort unsere Kinder aus dem Pool zerren sollen. Die Forscher schlagen stattdessen vernünftige Vorsichtsmaßregeln vor. Wenn Ihr Kind Asthma hat, sollten Sie es während des Schwimmens im Auge behalten – insbesondere in Schwimmhallen, wo sich höhere Konzentrationen des chlorigen Gases bilden können als im Freien.

Der Rest von uns sollte das Risiko der mit Urin gebildeten toxischen Gase gegen andere Risiken abwägen. Denken Sie dabei an die Wahrscheinlichkeit folgender Gefahren im Schwimmbad:

Ertrinken. Das ist bei Weitem das größte Risiko, vor allem, wenn Sie ein Mann sind. Etwa 80 Prozent der Ertrunkenen in den Vereinigten Staaten sind männlich. Weltweit sterben so jährlich über 300 000 Menschen.

Coliforme Bakterien. Windeln im Pool: Genug gesagt!

Andere Nebenprodukte der Desinfektion von Wasser. Einige davon sind Mutagene, die Mutationen auslösen, die zu Krebs führen können. Doch eine Studie befand, dass das Wasser aus Schwimmbecken trotz dieser Chemikalien nicht mutagener ist als das normale Trinkwasser. Das muss Ihnen also nachts nicht den Schlaf rauben.

Ihre Schwimmgefährten killen Sie, weil Sie ins Becken pinkeln. Könnte passieren.

Mich persönlich hält das Wissen, dass da einige Ekelstoffe sind, nicht aus dem Wasser. Allerdings empfehle ich, es nicht zu trinken. Denn schließlich ist es voller Chlor und Urin.

Wundenlecken

Nein, ein Hundemaul ist nicht sauberer als Ihr Mund!

Als Julie McKenna 2007 ins Krankenhaus von Mildura in Australien kam, konnte sie kaum sprechen. Ihre Arme und Beine waren kalt und gefleckt, ihr Gesicht rot angelaufen. Die Ärzte erkannten sofort, dass sie einen septischen Schock erlitten hatte. Bakterien im Blut griffen sie an. Doch auch nach der Einnahme von Antibiotika, breitete sich die Rötung weiter aus und die Organe fingen an zu versagen. Schließlich wurden Arme und Beine teilweise schwarz.

Über zwei Wochen später identifizierten die Ärzte die Bakterien in ihrem Blut: Es handelte sich dabei um *Capnocytophaga canimorsus*, ein Bakterium, das sich gewöhnlich im Speichel von gesunden Hunden und Katzen findet. Erst da erinnerte sich McKenna, dass sie sich einige Wochen vor der Erkrankung die Spitze des linken Fußes in heißem Wasser verbrüht hatte. Die Brandwunde war nicht schlimm und sie dachte sich nichts dabei, als ihr Foxterrier sie ableckte.

Die meisten von uns wissen nicht, was alles in unserem Speichel schwimmt, geschweige denn in dem unserer Haustiere. Und einige möchten es auch nicht genauer wissen – wie diejenigen, die feuchte Hundeküsse lieben. Ich gehöre nicht dazu. Wenn ich einen Hund daran hindere, mich in Speichel zu baden, höre ich oft: »Sein Mund ist sauberer als deiner.« Als ob irgendein logisch denkender Mensch jemals freiwillig in Hundespeichel baden würde. Nun, ich sage Ihnen: Der Mund Ihres Hundes ist nicht sauberer als meiner.

Wissenschaftler fingen kürzlich an, alle Bakterienarten im Maul von Hund und Katze zu erfassen, und wiesen eine Schar potenzieller Pathogene nach, die in jedem schlabbrigen Kuss oder Lecken lauern. Im Welpenmaul ist *C. canimorsus* nichts Exotisches: Mindestens ein Viertel aller Hunde und viele Katzen haben es, Menschen in der Regel nicht. Als die Bakterien in McKennas Blut gelangten, kämpfte ihr Körper gegen diese Invasoren. Die Antibiotika wendeten dann das Blatt, doch die Ärzte mussten McKenna das linke Bein unterhalb des Knies, einen Teil ihres rechten Fußes und alle Finger und Zehen amputieren. »Das hat mein Leben völlig verändert«, erzählte sie später ABC News.

Wenn jemand weiß, was alles im Maul von Hund und Katze haust, dann ist es Floyd Dewhirst, ein Bakteriengenetiker am Forsyth Institute und Professor für Stomatologie in Harvard. Er ist ein Pionier der Erforschung des oralen Mikrobioms – der Gesamtheit aller Bakterien im Mund – von Mensch, Hund und Katze. Laut ihm kommen im Mund eines Menschen gewöhnlich 400 bis 500 Bakterienarten in großen Mengen vor; bei Hunden sind es etwa 400 und bei Katzen fast 200. Dewhirst geht davon aus, dass weitere Studien noch mehr finden werden.

Normalerweise errichten unsere Haut und unser Immunsystem zwischen uns und diesen Keimen eine Barriere, doch sie kann überwunden werden. Etwa zehn bis 15 Prozent der Hunde- und bis zur Hälfte der Katzenbisse entzünden sich – manchmal mit tödlichen Folgen. In einer Studie starben 26 Prozent aller Personen mit einer *C.-canimorsus*-Infektion.

Dewhirst meint, einer der Hauptgründe für Infektionen durch Haustiere sei, dass unsere bakteriellen Ökosysteme so verschieden sind: »Wenn Sie Hund und Mensch vergleichen, dann sind nur etwa 15 Prozent der Bakterien von derselben Art.« Daher erkennt und bekämpft unser Immunsystem die Bakterien und die fremden Mikroben aus dem Hundemaul kaum. Das orale Mikrobiom von Katzen und Hunden überlappt sich hingegen zu 50 Prozent.

Diesen Unterschied führt Dewhirst teilweise auf das zurück, was die Bakterien fressen. Den Menschenmund dominieren Streptokokken, die gerne Zucker fressen. »Da Katzen und Hunde in der Regel keine Donuts essen, gibt es fast keine Streps«, sagt er.

Ein einziges Lecken überträgt Abermillionen dieser fremden Bakterien, und man findet sie noch Stunden später auf der Haut. Als sie das Mikrobiom der menschlichen Haut erforschten, waren Dewhirst und seine Kollegen überrascht, bei mehreren Personen Hautstellen voller Hundebakterien zu finden. »Wenn Sie ein Hund ableckt und jemand nach fünf Stunden mit einem Q-tip darüberstreicht, könnten über 50 Bakterienarten aus dem Hundemaul darauf sein«, erklärt er.

Verrückterweise ranken sich viele Vorurteile darum, dass Hundespeichel eher heilt, als schadet. Im antiken Griechenland leckten angeblich Hunde im Tempel des Äskulap, des Gottes der Heilkunst, Wunden ab. Und es gibt die sich seit Langem haltende, aber unbestätigte Geschichte, dass Caesars Armee Wunden leckende Hunde einsetzte. Nun, selbst wenn dem so war, heißt das nicht, dass es eine gute Idee war.

Es stimmt, dass es in Hunde- und Katzenmäulern einige antibakterielle Verbindungen gibt, die auch im Mund eines Menschen existieren. Doch die Zunge Ihres Haustiers ist kein magischer Quell von Breitbandantibiotika. Es gedeihen dort auch reichlich schädliche Bakterien, trotz der Anwesenheit einiger weniger vielleicht keimtötender Substanzen.

Zudem wären Studien, die die antibakteriellen Eigenschaften des Speichels loben, häufig aus dem Kontext gerissen, sagt die Veterinärin Kathryn Primm, die über Katzen und Hunde schreibt und die Radiosendung *Nine Lives with Dr. Kat* moderiert. Sie verweist darauf, dass Hundespeichel laut einer Studie von 1990 eine leicht antibakterielle Wirkung hat, wenn eine Hündin sich und ihre Welpen ableckt. Und eine Studie von 1997 in *The Lancet* zeigte, dass es im Speichel eine Nitrit-Verbindung gibt, die auf der Haut zu antimikrobiellem Stickstoffmonoxid wird. In beiden Studien ging es jedoch um Lecken innerhalb einer Art.

Als aber ein Soldat 2016 einen Hund seine Wunde ablecken ließ, fiel er für sechs Wochen ins Koma. Zum Glück sind solche Infektionen selten. Die meisten Tierhalter werden sich laut amerikanischem Gesundheitsamt nie mit *C. canimorsus* infizieren. Es gibt in den USA keine Schätzungen, wie oft so etwas geschieht, da diese Fälle nicht gemeldet werden müssen. Aber 2011 stellte eine niederländische Studie fest, dass sich weniger als eine von einer Million Personen pro Jahr damit infiziert. Das bezeugt, wie gut unser Immunsystem im Allgemeinen funktioniert.

Die Statistik wirft jedoch eine andere Frage auf: Wenn das Maul unserer Haustiere voller Bakterien ist, wie säubern sie sich dann, wenn sie sich lecken? Hauskatzen verbringen so viel Zeit mit ihrer Pflege, weil sie sich Raubtierinstinkte bewahrt haben. Wildkatzen nutzen ihre stachlige Zunge, um »ihr Fell von Blut und dergleichen zu reinigen«, sagt Primm. Sie wollen vermeiden, dass ihre Beute auf sie aufmerksam wird. Daher entfernen sie riechende Stoffe – und weniger Mikroben. Bei ihrer Pflege verteilen sie gleichzeitig die Bakterien aus ihrem Maul.

Hunde hingegen sind nicht so wählerisch. »Säubern wir den Hund nicht, bleibt er einfach dreckig«, sagt Primm.

»Sie sind keine Jäger-Ninjas wie Katzen, daher ist das für sie nicht überlebenswichtig.« Weil sie sich nicht selbst pflegen, deponieren sie auch nicht dauernd Bakterien auf ihrem Fell.

Die gute Nachricht für Katzenbesitzer ist, dass die meisten Bakterien aus dem Katzenmaul auf dem Fell nicht ewig überleben. Die schlechte Nachricht ist, dass sie nicht sofort absterben: In Japan fanden 2006 Forscher fast eine Million lebende Bakterien pro Gramm Katzenhaar. Sie testeten auch, wie viele davon durch zwei Minuten Streicheln auf die zuvor desinfizierte Hand eines Menschen übertragen werden. Die Antwort sollte Katzenbesitzer etwas erleichtern: Pro Streicheleinheit schafften es nur um die 150 Bakterien. Für Bakterien ist das nicht viel.

Unsere Tiere zu streicheln ist also im Allgemeinen kein Problem – solange wir uns selbst sauber halten. Primm rät: »Nachdem ein Tier die Hand abgeschleckt hat, sollte man sie waschen.« Am wichtigsten ist, dass die Bakterien nicht durch die Haut gelangen. Sobald sie das schaffen, finden die Bakterien eine feuchte Umgebung, in der sie wachsen und Infektionen verursachen können.

Auch die Vollgesichtschlabberorgien der Hunde sind in der Regel nicht gefährlich – solange das Immunsystem stark ist und die Bakterien nicht über Wunden im Gesicht oder am Mund ins Blut kommen. »Diese Woche leckten mich zwei verschiedene Hunde am Mund«, sagt Primm.

Aber Babys und Senioren haben oft ein schwächeres Immunsystem als gesunde Erwachsene. In einen Fall brachten Eltern ihr sieben Wochen altes Baby mit Fieber ins Krankenhaus; es hatte eine Beule am Kopf. Wie sich herausstellte, hatte es eine durch *Pasteurella multocida* verursachte Meningitis, noch so ein Pathogen aus dem Maul von Katzen und Hunden. Der zweijährige Bruder ließ sich oft vom Hund der Familie die Hand ablecken und hatte die Angewohnheit, sein Brüderchen am kleinen Finger saugen zu lassen.

Wie hoch die Ansteckungsgefahr pro Lecken ist, kann man nicht genau sagen. Klar ist, dass sie nicht bei null liegt – und dass die Behauptung falsch ist, Hunde- oder Katzenmäuler seien »sauberer« als Ihr menschlicher Mund. Waschen Sie sich also die Hände und überlegen Sie es sich, ob Sie den nassen Kuss Ihres Fellbabys wirklich wollen.

Von der Notwendigkeit zu bluten

Eine kurze Geschichte des Aderlasses als Heilverfahren

Im Schatten einer der größten Moscheen Indiens ist die Gosse rot vor Blut. Es ist eine bizarre Szene, die fast mittelalterlich wirkt – vor allem, wenn man in unserer heutigen Welt noch nie Zeuge eines Aderlasses wurde.

Das Verfahren ist präzise. Zuerst umwickeln die professionellen Blutabnehmer Arme und Beine des Patienten mit Riemen als Aderpressen. Dann setzen sie mit Rasierklingen winzige Stiche in die Hände und Füße. Das Blut tröpfelt in einen blutbesudelten Betontrog. Die Blutenden sehen derweil ziemlich glücklich aus. Sie kommen, um von allem, von Arthritis bis Krebs, geheilt zu werden, und zahlen dafür.

Warum gibt es das Geschäft mit dem Aderlass noch immer, obwohl die Ärzte es heute als Quacksalberei einstufen? Ganz einfach: Es wird seit Langem als Allheilmittel angepriesen. Schmerz und Krankheit treten auf, wenn »das Blut schlecht ist«, sagt Muhammad Gayas, der sein Aderlassgeschäft in Alt-Dehli im Garten der Jama Masjid betreibt, einer Moschee, wie der Name sagt.

Die Geschichte des Aderlasses beginnt vor mindestens 3000 Jahren mit den Ägyptern. Der griechische Arzt Galen fand im 2. Jahrhundert v. Chr. seine eigene Erklärung für diese Praxis. Seine (falsche) Idee war, dass das Blut in der Leber entstehe; diese produziere manchmal einen Überschuss, der abgelassen werden müsse, damit der Körper im Gleichgewicht bleibe. Noch im 19. Jahrhundert waren viele Ärzte vom Gleichgewicht besessen und im Jahre 1942 empfahl ein medizinisches Lehrbuch den Aderlass zur Behandlung einer Lungenentzündung.

Aber nützt Aderlass überhaupt etwas? Nun, ja – eher selten und nur unter bestimmten Umständen. Die Ärzte nutzen ihn bei Polyglobulie – ein abnorm hoher Wert roter Blutkörperchen – und bei der Erbkrankheit Hämochromatose Typ 1, bei der zu viel Eisen im Blut ist. Doch als Heilverfahren für Krebs oder Alltagskrankheiten wie in der Jama Masjid lautet die Antwort: nein! Obwohl die moderne Medizin die meisten der angeblichen Heilwirkungen gründlich entlarvt hat, wird Aderlass weiterhin in Teilen Indiens, Chinas und anderswo als Form der traditionellen Medizin angewandt.

Die angepriesenen Heilwirkungen des Aderlasses sind nicht nur dubios, die Blutmenge des Körpers zu verringern, ist gefährlich. Geht zu viel Blut verloren, kann der Blutdruck dramatisch absinken, es kann sogar zu einem Herzstillstand kommen. Der Körper enthält im Durchschnitt nur vier bis sechs Liter Blut; er benötigt vier bis acht Wochen, um einen halben Liter zu ersetzen. Bei Kranken steigt zudem die Wahrscheinlichkeit einer Infektion oder von Blutarmut (einer Anämie). Ganz abgesehen davon, heilt ein Aderlass das Leiden meistens noch nicht einmal.

Dummerweise war das alles im Mittelalter ganz und gar nicht klar. Zu dieser Zeit waren die Barbiere auch als Ärzte tätig. Sie führten mit ihren Rasiermessern Aderlasse durch, zogen Zähne und schienten Knochenbrüche. Als sich schließlich die organisierte medizinische Ausbildung durchsetzte, wurden die Barbiere aus der Medizin verbannt. Nur der rotweiße Barbierstab, wie er vor vielen amerikanischen Friseurgeschäften leuchtet, erinnert noch heute daran: Das Rot und das Weiß stehen für Blut und Verband, während der Stab für den Stock steht, den die Patienten packten, damit ihre Venen hervortraten.

Es bedurfte einiger Aderlass-Katastrophen im 18. Jahrhundert, damit sich das Blatt gegen die einst altehrwürdige Praxis wandte. Der prominente Arzt Benjamin Rush löste 1793 in Philadelphia einen Aufruhr aus, als er während einer Gelbfieberepidemie den Patienten Blut abnahm. Allen Berichten zufolge war Rush ein Aderlass-Fanatiker und ein widerlicher Exzentriker: »Unerschütterlich in seinen Überzeugungen, aber auch selbstgerecht, ätzend, spöttisch, humorlos und polemisch«, schreibt sein Biograf Robert North.

Rush empfahl in einigen Fällen, den Patienten bis zu 80 Prozent ihres Bluts abzuzapfen. Während des Gelbfieberausbruchs »wurde in [Rushs] Vorhof so viel Blut vergossen, dass es stank und von Fliegenschwärmen wimmelte«, erzählt North. Später wurde geschätzt, dass fast die Hälfte von Rushs Patienten starb.

Am 14. Dezember 1799 wartete Rush in einem Rechtsstreit auf das Urteil. Er wurde beschuldigt, durch den Aderlass Patienten getötet zu haben, und hatte den Kläger verklagt. Am selben Tag lag in Mount Vernon Präsident George Washington sterbend in seinem Bett. Washington hatte sich kurz zuvor zur Ruhe gesetzt und litt an einer schweren Rachenentzündung. Seine Ärzte ließen ihn an dem Tag mehrmals zur Ader und nahmen ihm geschätzt über zwei Liter Blut ab – fast die Hälfte seines Bluts. Er starb in derselben Nacht und viele gaben dem Aderlass die Schuld am Tod von Amerikas erstem Präsidenten.

Danach wuchs die Zahl der Aderlasskritiker, was zum Aderlasskrieg der 1850er-Jahre führte, der natürlich vor allem auf den Seiten der Medizin-Journale ausgefochten wurde. Pierre Louis, der Begründer der Medizinstatistik, überzeugte die Ärzte, auf quantifizierbare Belege zu vertrauen, statt auf anekdotische »Heilungsgeschichten«, die den Aderlass predigten.

Eine beeindruckende Analyse des Arztes John Hughes Bennett zeigte, dass bei Patienten mit Lungenentzündung, die man reichlich zur Ader ließ, einer von dreien starb. Bei den von Bennett mit Flüssigkeit und Nährstoffen unterstützten Therapierten hatten alle überlebt. Nach Jahren erbitterten Streits unter den Ärzten begann dann die Praxis auszusterben.

Das heißt nicht, dass der Aderlass in der medizinischen Literatur nicht ab und zu wieder auftaucht. Ich stieß auf eine Vorstudie von 2002, die ihn für die Gefäße von Diabetikern mit abnorm hohen Eisenwerten für vorteilhaft hielt. Aber das ist keine allgemeine oder akzeptierte Form der Therapie.

Viel mediale Aufmerksamkeit erhielt 2012 eine kleine Studie in der Zeitschrift *BMC Medicine*. Ihr zufolge hatten 33 Teilnehmer, denen man bis zu einem halben Liter Blut abnahm, sechs Wochen später verbesserte Cholesterin- und Blutdruckwerte, im Vergleich zu Personen ohne Aderlass. Die Ärzte führten das auf eine Abnahme des Eisenwerts zurück. Aber auch zu wenig Eisen kann ein Problem sein. Zudem war die abgenommene Blutmenge in der Studie relativ gering. Einen halben Liter gibt man bei einer Blutspende. (Was für Gesunde eine großartige Sache ist!) Wichtiger ist, dass das Studiendesign einen Placeboeffekt nicht ausschloss, der zur früheren Beliebtheit des Aderlasses bestimmt beitrug.

Im *British Journal of Haematology* erschien eine Geschichte des Aderlasses, für die sein Verschwinden ein Triumph der Vernunft und »eine der besten Geschichten des medizinischen Fortschritts« ist. Es triumphierten jene, die auf wissenschaftliche Belege statt auf Anekdoten von Heilungen beharrten, auch wenn das zu jener Zeit eben nicht die vorherrschende Überzeugung in der Medizin war.

Es ist erstaunlich, dass so viele Menschen so lange glauben konnten, sie heilten damit Menschen, obwohl doch so viele starben. Diese Lektion sollten wir uns zu Herzen nehmen, wenn wir mit »Wunderheilungen« konfrontiert werden: Der Plural von »Anekdoten« ist nicht »Daten«.

Der Detox-Mythos

Können wir Körpergifte tatsächlich ausschwitzen?

Schwitzen war einst ein Tabu. (Frauen behaupteten früher, sie würden nicht schwitzen. Glühten sie?) Heute lesen Sie in jedem Mode- oder Schönheitsblog: Schwitzen gehört zum Lebensstil! Zumindest im Fitnessstudio. Von der Infrarotsauna bis zu heißem Yoga: Schweißtreibendes wird nicht nur zur Lockerung angepriesen, sondern auch für die Gesundheit, da dabei Toxine ausgespült würden. Die Idee ist: Der Schweiß trägt allen chemischen Schmutz, den wir aus der Umwelt aufnehmen, wieder hinaus.

Zu schade, dass man Toxine genauso wenig wie Gewehrkugeln ausschwitzen kann. Wir schwitzen vor allem, um uns abzukühlen,[14] nicht, um Müll oder Giftstoffe auszuscheiden. Dafür sind unsere Nieren und die Leber da.

Natürlich enthalten Mythen oft ein Körnchen Wahrheit und das Thema Giftausschwitzen ist da keine Ausnahme. Da Schweiß überwiegend aus Wasser besteht, kann er Spuren Hunderter Stoffe enthalten, auch einiger toxischer.

»Man muss immer Fragen: Wie viel?«, sagt der Chemiker Joe Schwarcz. Im Schweiß findet man viele Substanzen in winzigen Mengen. Aber nur weil etwas vorhanden sei, müsse es noch kein Gesundheitsrisiko darstellen, erklärt er. Schwarcz leitet an der McGill University ein Büro, das Wissenschaftsmythen entmystifiziert. Sein Team wird mit Fragen zu Quacksalberei und medizinischem Schwindel geradezu überflutet, darunter viele zum Versprechen, den Körper zu »entgiften«. »Wann immer Sie diese Detox-Idee in den Medien sehen, handelt es sich in der Regel um Unfug«, sagt Schwarcz.

Die meisten »Detox«-Produkte und -Diätpläne sind hinsichtlich der Giftstoffe ziemlich vage. Pestizide? Metalle? Schmelzkäse? Was immer das ist, »Toxine« klingt schlimm und wir wollen sie loswerden. Da wir sie nicht sehen können, ist es ziemlich einfach, Menschen zu überzeugen, dass Fasten oder Grünes-Zeug-Trinken oder viel Schwitzen es richten wird. (Wenn es unangenehm ist, muss es gut sein, oder?) Doch sieht man sich einmal an, wie sich toxische Stoffe in uns tatsächlich anreichern und welche Mittel der Körper hat, sie loszuwerden, dann begreifen Sie, dass die meisten Detox-Pläne so viel Sinn ergeben wie eine Bandwurmdiät.

Zunächst einmal kommt aus unseren Drüsen der Schweiß, wenn uns heiß ist oder wir Sport treiben. Am ganzen Körper haben wir etwa drei Millionen davon. Da wir den Schweiß produzieren, um uns abzukühlen, macht es Sinn, dass er zu 99 Prozent aus Wasser besteht. Darin sind Spuren von Mineralien wie Natrium und Calcium gelöst, dazu kleine Mengen Proteine, Milchsäure und Harnstoff.

Harnstoff entsteht in der Leber durch den Abbau von Nahrungsproteinen und ist ein Abfallprodukt. Es stimmt also, dass der Schweiß den Körper ein klein bisschen ausspült. Doch dieser Prozess spielt im Abfallbeseitigungssystem des Körpers nur eine untergeordnete Rolle. Den Hauptteil der Arbeit übernehmen die Nieren. Der meiste Harnstoff verlässt den Körper mit dem Urin. Nur wenn die Nieren versagen, wird der Schweiß für die Entsorgung dieses speziellen Abfallprodukts wichtig.

Die Werte der industriellen Schadstoffe im Schweiß sind so niedrig, dass sie laut Pascal Imbeault bedeutungslos sind, der in einer Studie 2018 eine entsprechende Berechnung anstellte. Der Sportphysiologe von der University of Ottawa in Kanada erforscht Fett und beschäftigt sich vor allem mit der Frage, was mit den darin eingelagerten Schadstoffen geschieht. Zu diesen langlebigen organischen Schadstoffen gehören Pestizide, Brandschutzmittel und polychlorierte Biphenyle (PCBs), die zwar verboten wurden, aber noch immer in der Umwelt zu finden sind.

Das sind die Chemikalien, an die viele Menschen bei den »Toxinen« in unserem Essen und unserer Umwelt denken. Doch Imbeault erklärt, nicht einmal der Begriff sei richtig: Toxine sind von Organismen – Pflanzen, Tieren oder Bakterien – produzierte schädliche Stoffe. Die künstlichen Substanzen sind schlicht: Gifte.

Wie man sie auch bezeichnen mag, ein Grund, warum man im Schweiß keine hohen Schadstoffwerte feststelle, liege in der entsprechenden Chemie, fährt Imbeault fort. Schweiß besteht überwiegend aus Wasser, darin lösen sich fettliebende Stoffe schlecht. (Darum sagt man, Personen seien »wie Öl und Wasser«, wenn sie nicht zusammenpassen.)

Imbeault und seine Kollegen berechneten auf der Grundlage früherer Messungen von Fett und Schadstoffen im Schweiß, wie viele dieser Schadstoffe vermutlich ausgeschieden werden. Demnach würde jemand, der 45 Minuten hochintensiv Sport treibt, etwa zwei Liter am Tag ausschwitzen – normales Schwitzen eingeschlossen. All dieser Schweiß enthalte allerdings weniger als ein Zehntel Nanogramm der Schadstoffe.

Zur Relation: »Die Menge im Schweiß entspricht 0,02 Prozent dessen, was Sie typischerweise täglich zu sich nehmen«, sagt Imbeault. Strengen Sie sich beim Training wirklich an, könnten Sie bis zu 0,04 Prozent der täglichen Schadstoffaufnahme freisetzen. Das heißt, Sie haben keine Chance, genug zu schwitzen, um auch nur ein Prozent der winzigen Menge, die sie am Tag mit der Nahrung zu sich nehmen, loszuwerden.

Denken Sie daran, dass die Werte von Pestiziden und anderen Schadstoffen bei den meisten Menschen extrem niedrig sind. Dank der analytischen Chemie sei es möglich, Werte von einem Teil unter einer Billion zu ermitteln, sagt Joe Schwarcz. Das bedeutet aber nicht, dass sie in dieser Konzentration schädlich wären oder eine Verringerung der Werte irgendeinen Gesundheitseffekt hätte.

Doch zurück zum Körnchen Wahrheit: Geringe Mengen an Schwermetallen wie Blei oder an Bisphenol A (BPA) aus dem Plastik kommen in den Schweiß, da sich diese Schadstoffe besser in Wasser lösen als die fettliebenden. Doch noch einmal: Die Menge, die der Schweiß ausspült, ist relativ gering. Wenn jemand mit großen Mengen Schwermetallen vergiftet wird, ist die weitaus effektivere Behandlung eine Chelat-Therapie mit Medikamenten, die diese Stoffe im Körper binden und die dann von Leber und Nieren ausgefiltert werden. Und da weitaus mehr BPA den Körper über den Urin verlässt als mit dem Schweiß, werden Sie es eher auf der Toilette als in der Sauna los.

Sie müssen nun nicht literweise Wasser hinunterstürzen. Der beste Weg, die BPA-Belastung zu verringern, ist laut den praxisorientierten Forschern des National Institute of Environmental Health Sciences stattdessen, nicht aus daraus hergestellten Behältern zu essen oder zu trinken.

Dasselbe gilt für Pestizide oder andere Schadstoffe im Essen. Besser ist es zuerst einmal, sie zu vermeiden – schwitzen können Sie später. Um das Ausfiltern, von was immer Sie zu sich nehmen, zu unterstützen, halten Sie Ihre Nieren gesund, vermeiden Sie Rauchen, hohen Blutdruck und die starke Einnahme von nichtsteroidalen Antirheumatika (NSAR), also entzündungshemmenden Medikamenten wie Ibuprofen. Auch Dehydrierung stresst die Nieren, daher kann viel Schwitzen, ohne entsprechende Wasseraufnahme, den

Selbstreinigungskräften des Körpers schaden. So sehr wir auch die schnelle Lösung lieben, die langweilige alte gesunde Lebensweise[15] ist immer noch das Beste für uns.

Doch nichts davon hält die Detox-Industrie vom Wachsen ab. Der letzte Schrei sind Infrarotsaunas, die mit Licht statt Elektroöfen oder Dampf Hitze erzeugen. Bei Sauna denken wir an eine Stärkung von Herz und Kreislauf[16] – vermutlich da unser Herz schnell schlägt, wenn es heiß ist, wie es das auch bei leichtem Sport tut. Wenn Sie Behauptungen sehen, dass Infrarotsaunas besonders entgiftend wirkten, denken Sie nach: Keine glaubhafte Forschung beweist, dass uns irgendeine Sauna von Giften reinigt.

Schwitztherapien können auch gefährlich sein, wenn man zu weit geht. Laut dem American College of Sports Medicine sollten die meisten nicht länger als zehn Minuten in die Sauna gehen. Wie so oft bedeutet mehr nicht besser, nur weil ein wenig gut ist. In Arizona wurde 2011 ein Selbsthilfeguru wegen fahrlässiger Tötung verurteilt: Nach einer zweistündigen Schwitzhüttenzeremonie waren drei Personen gestorben. Im selben Jahr erlag in Quebec eine 35-Jährige der Therapie: Sie wurde bei einer Detox-Anwendung in einem Spa in Schlamm gehüllt, dann in Plastikfolie gewickelt und bekam einen Karton über den Kopf gestülpt. Sie lag neun Stunden unter Decken und schwitzte. Stunden nach der Behandlung starb sie an extremer Überhitzung.

»Es ist die alte Geschichte von der einfachen Lösung für das komplexe Problem«, sagt Schwarcz. »Hoffnung ist kostbar und manche nutzen sie, um die irrsten Sachen an dafür anfällige Menschen zu verkaufen.« Die Wellness-Branche macht es fast unmöglich, all die Aussagen zu Diäten, Pillen und Trainingsprogrammen zu überprüfen, die Reinigung, Stärkung oder eine strahlende Haut versprechen. Wer möchte nicht »den einzigartigen Dreh« finden, um Gewicht, aber keine Haare zu verlieren oder was für einen Köder man ihnen als Verlockung vorhält?

Den einzigartigen Dreh, Schadstoffe wegzupusten, gibt es leider nicht. Aber es lohnt sich immer, ins Fitnessstudio zu gehen und zu schwitzen – wenn schon nicht fürs Detox, dann wegen dem Training. Wer das Laufband nach Ihnen benutzt, mag Ihren Schweiß vielleicht nicht, aber Ihr Herz wird es Ihnen danken.

Teil fünf

GEHEIMNIS-VOLLER

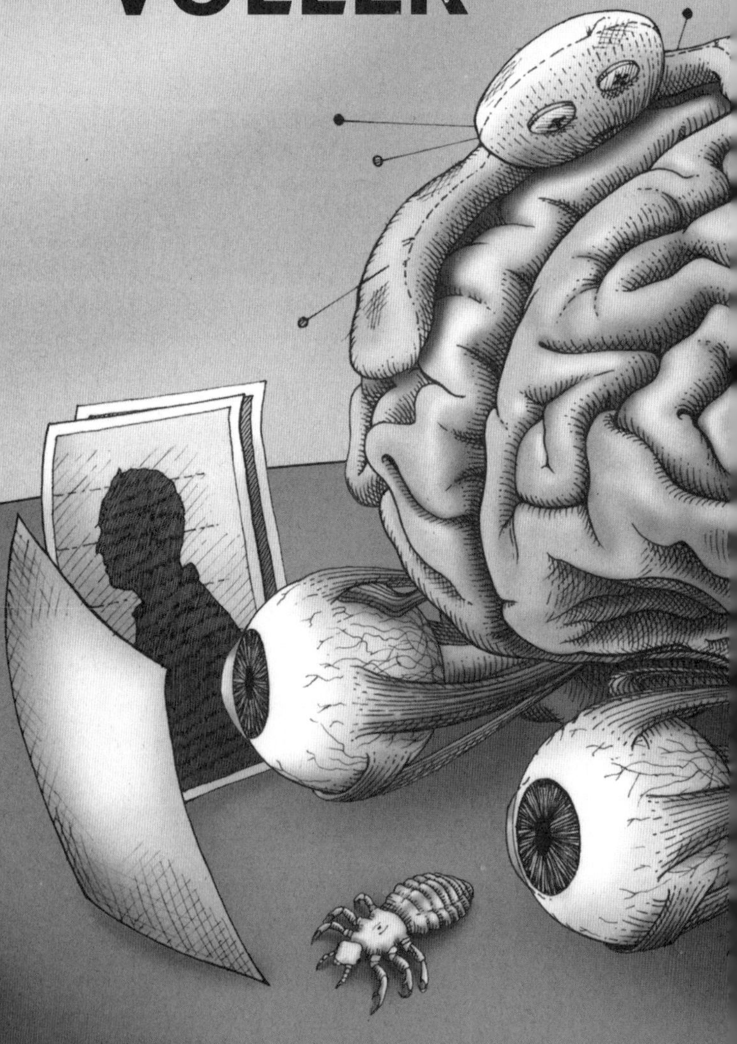

GEIST

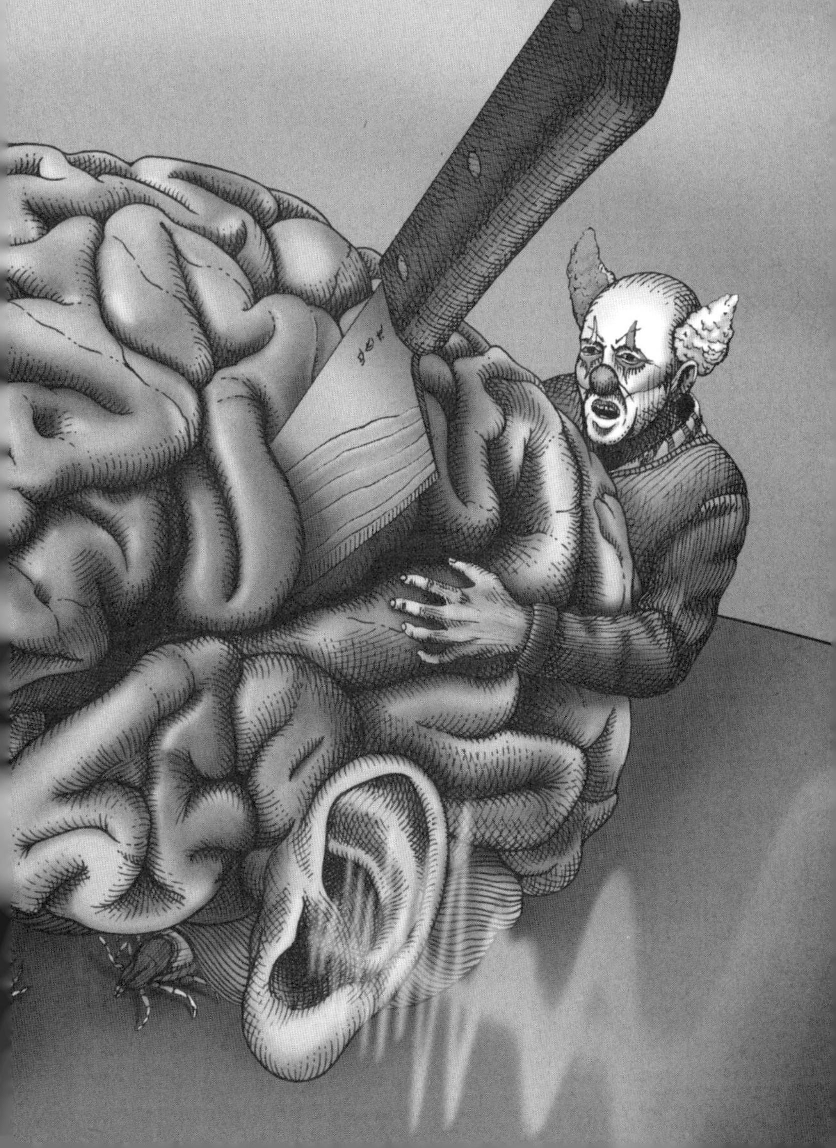

Fehler im Programm

Warum uns unser Verstand Streiche spielt

In Athens in Georgia zeigt mir die Entomologin Nancy Hinkle an einem schwülen Julitag ihre beeindruckende Sammlung unsichtbarer Insekten. Ein langer Tisch ist mit Kartons, Versandrollen und – besonders faszinierend – einem großen, silbernen Aktenkoffer bedeckt. Darin sind Proben, gesammelt von Leuten, die berichten, dass ihr Körper von Insekten oder anderen winzigen Kreaturen befallen ist.

Die Zusendungen enthalten klebrige Fallen, mit denen sie diese Organismen einfingen, oder Zellophanpflaster, die sie dort auf ihre Haut klebten, wo sie die Tierchen fühlten. Manche schickten sogar den Inhalt ihrer Staubsaugerbeutel ein – ein Albtraum, das zu durchsuchen. Sie sammelten diese Proben in der Hoffnung, Hinkle könne ihnen verraten, welche Art von »Wanze« sie plagte – und wie sie diese wieder loswürden.

Doch das ist der Punkt: Die Proben enthalten keine Tierchen. Sie wurden von Menschen geschickt, die an einem Zustand leiden, den man mit vielerlei Namen bezeichnet, darunter Dermatozoenwahn oder Ekbom-Syndrom: Es ist der feste, aber irrige Glauben, dass kleine Tierchen in den Körper eingedrungen sind. Die Patienten fühlen oft ein Kribbeln auf der Haut, das ihrer Überzeugung nach von Insekten kommt, die auf ihnen umherlaufen oder sich sogar in ihre Haut graben. Dass sie unsichtbar sind, ändert nichts. Sie sind sich sicher: Diese Tierchen sind einfach zu klein, um sie zu sehen.

Ich öffne den Aktenkoffer, er ist vollgestopft mit Plastiktütchen. Einige scheinen völlig leer zu sein. Auf jedem klebt eine Haftnotiz, die den Körper- oder Wohnungsteil beschreibt, von dem die Probe stammt. Auf einer steht »Kopfoberseite«, auf einer anderen »Matratzen-Kopfende«. Dann sehe ich ein leeres Tablettenröhrchen mit »Penisloch«. Ich zeige es Hinkle, sie ist verlegen. Sie bekommt dauernd solche und üblere Sachen. »Meine Labormitarbeiter haben darauf bestanden, dass ich den Beutel mit Erbrochenem beseitige«, sagt sie.

Hinkle und einige ihrer Kollegen sind in einer unangenehmen Lage – nicht nur, da die zugesandten Proben so intim sind. Entomologen sind Spezialisten für Insekten, nicht für Psychologie. Doch da bei diesem speziellen Leiden Insekten eine Rolle spielen, sind sie oft in der unerfreulichen Situation, das Nichtvorhandensein der Insekten verkünden zu müssen. Natürlich will niemand hören, dass die quälende Plage, die er oder sie spürt, nur in der Vorstellung existiert.

Wir denken, wir kennen unseren Geist. Wie beunruhigend muss es sein zu erfahren, dass man dem eigenen Verstand nicht trauen kann? Manchmal sind Täuschungen ein Symptom für eine eindeutige Krankheit wie Schizophrenie. Aber eine Wahnvorstellung von Quälgeistern ist schon für sich genommen ein seltsames Wesen. Oft treten sie von allein auf, ohne dass eine Schizophrenie oder andere ernsthafte Geisteskrankheit vorliegt oder der Betroffene einen Grund hat, an Tierchen zu glauben, die nur ein Phantasieprodukt sind. Und das ist das Erschreckendste dieser Sammlung unsichtbarer Insekten: die Vorstellung, dass das mir passieren könnte oder jemandem, den ich liebe.

Offensichtlich ist etwas dran, dass die Wege des Geists unerklärlich sind. In den folgenden Geschichten erkunden wir einige dieser mysteriösen Wege: vom Heimsuchungswahn über die Psychologie der Voodoo-Puppen bis zu der Frage, warum

Clowns so gruselig sind – in unserem Hirn spielt sich weit mehr ab, als wir uns bewusst sind, das lässt sich nicht leugnen. Vieles läuft unserer Selbstwahrnehmung als rationale Wesen zuwider, die wir die Kontrolle über unser Verhalten haben.

Selbsttäuschungen sind nur ein Weg, auf dem uns unser Verstand einen Streich spielt. Unser Hirn nimmt ständig Abkürzungen, die uns irreführen. Ein klassischer Fall: Können wir spontan mehrere Beispiele für ein Verhalten finden, halten wir es unbewusst für alltäglich. Psychologen nennen das »Verfügbarkeitsheuristik«. Darum überschätzen wir die Wahrscheinlichkeit von Ereignissen, die selten, aber durch Medienberichte aufgebauscht sind, wie etwa die Möglichkeit, von einem Hai getötet zu werden. Zwar sterben mehr Menschen an einer Verstopfung[17] als an Haiattacken, doch da es diese Todesart nicht in die Nachrichten schafft, fällt sie einem nicht ein. Auch die gefühlte Bedrohung durch amoklaufende Gruselclowns wurde 2016 durch die Verfügbarkeitsheuristik verstärkt, wie wir später sehen werden.

Manchmal haben wir sogar das Gefühl, dass uns unser Hirn im Stich lässt. Es ist nämlich beängstigend einfach, falsche Erinnerungen zu schaffen, die sich völlig real anfühlen. Dafür gibt es viele Beispiele, hier ein einfaches: In Deutschland baten 2010 Psychologen einige Probanden, sich Videos anzusehen, in denen jemand eine simple Aufgabe ausführte, wie eine Flasche schütteln oder ein Schloss aufsperren. Zwei Wochen später meinten die Betrachter, sie hätten diese Aufgaben selbst erledigt. Unser Hirn kann anscheinend auch zu empathisch sein und die Erfahrungen anderer als eigene verbuchen.

Noch beunruhigender ist, dass viele Leute *dieselbe* falsche Erinnerung teilen können. Zum Beispiel sagen Tausende Menschen, sie erinnerten sich, dass Nelson Mandela in den 1980er-Jahren im Gefängnis starb, obwohl er noch bis 2013 lebte. Und ich erinnere mich wie so viele andere an den albernen Film »Shazaam« aus den 1990er-Jahren, in dem der Comedian Sinbad einen Dschinn spielte – nur existiert der Film nicht. Ich habe sogar das Filmplakat mit Sinbad darauf vor Augen samt Turban und gekreuzten Armen. Höchstwahrscheinlich denken wir alle gleichermaßen an einen anderen Film: *Kazaam* von 1996 mit dem NBA-Star Shaquille O'Neal als Dschinn.

Eine Täuschung kann auch mit etwas ganz Realem beginnen – wie einem starken Juckreiz. Auf der Suche nach einer Erklärung erinnert sich diese Person vielleicht an die Flöhe auf der Katze und schon ist die Vorstellung von einem Befall geboren. Ab da findet das Gehirn ganz leicht die Beweise, die es erwartet: Das Phänomen heißt Bestätigungsfehler. Unser Geist füllt die Lücken aus und verbindet Erfahrungen und Erinnerungen. So verstehen wir die Welt. Doch das heißt auch, dass jemand, der nach Belegen für seine Plage sucht, sie in der Regel findet, und dann ist er von etwas überzeugt, das nicht existiert.

Aber der größte Trick des Hirns ist wohl die Illusion, dass wir die Kontrolle hätten. Ohne eine Debatte über den freien Willen loszutreten, dessen Existenz einige Hirnforscher vehement verneinen: Wir können nicht viel von dem beeinflussen, was in unserem Hirn vorgeht. Psychopathen entscheiden sich nicht für anormale Nervenverbindungen in ihrem Hirn und keiner will Insekten fühlen, die es nicht gibt. Genauso wenig können wir Fähigkeiten kontrollieren: Wie eine der folgenden Geschichten zeigen wird, sind einige von uns mit der ausgeprägten Fähigkeit zur Gesichtserkennung geboren und andere erkennen ihre ältesten Freunde in einer Menge nicht.

Wenn wir eins über das Hirn und die menschliche Psychologie lernen können, dann, dass es ziemlich normal ist, etwas unnormal zu sein. Die meisten von uns haben mindestens eine irrationale Angst – es können genauso gut gleich drei sein (meine sind Krokodile und vom Bus überfahren zu werden). Und wir alle haben irgendwelche Ticks. Einer von meinen ist eine Aversion gegen bestimmte Geräusche, eine Misophonie. Wer daran leidet, bei dem lösen spezielle Geräusche, wie Kauen oder Füßestampfen, eine Art Kampf- oder Fluchtreaktion aus, ein starkes Angst- oder sogar Wutgefühl. Als ich entdeckte, dass dieses Gefühl einen Namen hat und ich damit nicht allein bin, konnte ich darüber reden. Um so etwas zu verstehen, müssen wir in einem ersten Schritt aufhören, das Reden über unsere dunkelsten Gedanken zu stigmatisieren.

Schon den eigenen Geist zu verstehen, ist eine Herausforderung. Nehmen wir den Hirnforscher James Fallon, auf den wir hier später noch treffen. Er erforschte die Hirne von Psychopathen, als er feststellte, dass ein Scan seines eigenen Hirns dieselben Anomalien zeigte. Daraufhin nahm er sein Leben genauer unter die Lupe und erkannte auch einige ihrer Charakterzüge an sich. Wenn ein Hirnforscher sich selbst nicht als Psychopathen erkennt und Ärzte und Biologen von Insekten überzeugt sind, die nicht da sind – ja, das kommt vor –, dann sollte vielleicht niemand davon ausgehen, den eigenen Verstand wirklich zu kennen.

Das kann etwas beunruhigend sein. Doch unser unheimliches Hirn ist eigentlich nichts, wovor man sich fürchten müsste, es ist nur ein weiteres Forschungsgebiet. Vielleicht lösen diese Geschichten in Ihnen eine gewisse Resonanz aus oder wecken Ihr Interesse – und genau deshalb sollten wir alle weiter erforschen, was in unseren Köpfen vorgeht.

Unsichtbare Peiniger

Wie es zu Wahnvorstellungen kommt.

Der Albtraum begann im Sommer 2018: Die Hühner im Stall im Hinterhof hatten Milben.

Lisa (Name geändert) behandelte ihre Hühner mit einem Pestizid und sah, wie einige der pfefferkorngroßen Milben auf ihr landeten. Wochen später juckte es sie, als ob etwas über die Haut kroch. Es machte Sinn, dabei an die Milben zu denken. Ab da »wurde es kritisch«, sagt sie. Das Internet lieferte reichlich Horrorgeschichten über Leute, die davon überzeugt waren, dass sie – und all ihr Besitz – befallen waren. Sie versuchte es mit Cremes und Lotionen, nichts half.

Lisa hatte mit ihrem Ehemann eine lange Wandertour in Europa geplant. Aber der Zustand wurde erst recht schlimmer, als sie dort waren. Sie dachte, die Milben wären nun in ihren schulterlangen Haaren, also schnitt sie ihr Haar ab. Die Pflaster für ihre Hormonersatztherapie fielen ab, sodass sie aufhörte sie zu benutzen. Ihr Zustand wurde unerträglich. »Ich wachte mitten in der Nacht auf und schrie meinen Mann an, sie würden mich bei lebendigem Leib fressen«, erinnert sie sich. »Ich konnte nicht mehr schlafen und aß kaum noch.« Als das Paar seine Rucksäcke packte, um ins Hinterland aufzubrechen, sagte Lisas Mann: »Das geht nicht!« Sie kehrten nach Idaho zurück. Und dort begann das, was Lisa »das Ding mit dem Haus« nennt.

»Ich nahm das Haus buchstäblich auseinander«, sagt sie. Sie folgte dabei einer Anleitung zur Ausrottung von Milben aus dem Internet. Sie hängte alle Vorhänge ab, sie zog das Bett ab, hüllte die Matratze in Plastik und trug nur noch frisch gewaschene und gebügelte Wäsche. Das meiste ihrer

Kleidung warf sie weg, genauso Tischläufer, Brücken, alles, was Fasern hatte und einiges mehr. Sie sprühte ihr Haus mit ätherischen Ölen und Essig ein und saugte mindestens dreimal am Tag die Böden. Doch nichts half.

Lisa hatte bereits in einem schmerzlichen Akt ihre geliebten Hühner zum Schweigen gebracht. Sie rief den Kammerjäger, der keine Wanzen im Haus fand. Ihr Arzt sagte, alle ihre Testresultate seien normal. Doch es prickelte noch immer. Schließlich verlies Lisa Haus und Mann. »An diesem Punkt dachte ich an Selbstmord«, erzählt sie. Sie war einsam, hatte Angst, zur Arbeit zu gehen oder Freunde und Familie zu besuchen, schließlich konnte sie doch mit Milben kontaminiert werden. Dann gab ihre Schwester ihr den Namen einer Expertin, die ihr vielleicht helfen könne.

Gale Ridge konnte ihr helfen, wenn auch nicht so, wie Lisa das erwartet hatte. Ridge ist Entomologin, eine Insektenexpertin der Connecticut Agricultural Experiment Station. Sie ist auf Wanzen spezialisiert, aber auch eine der wenigen intimen Kenner der Krankheit namens Dermatozoenwahn, der anhaltenden Vorstellung, dass der eigene Körper von kleinen Kreaturen befallen ist, die keiner finden kann.

Entomologen teilen allen, die unter dieser Wahnvorstellung leiden, mit, dass nur zwei Arten von Gliederfüßern den Menschen tatsächlich als Parasiten befallen: Läuse und eine Milbenart, die Krätze verursacht, die Grabmilbe. Beide sind recht einfach zu finden. Läuse sieht man mit dem bloßen Auge, Grabmilben zwar nicht, aber sie verursachen einen typischen Ausschlag und der Arzt sieht sie unter dem Mikroskop. Die winzigen Haarbalgmilben leben zwar in unseren Poren und einige betrachten sie als Befall, aber in der Regel sind sie auf unserem Körper so normal wie die Bakterien im Darm. Andere berüchtigte Insekten wie Rote Vogelmilben, Bettwanzen oder Flöhe leben nicht auf dem Menschen, sondern beißen sie nur.

Bei jedem neuen Patienten sucht Ridge zuerst gründlich nach Insekten oder Milben. Findet sie keine, muss sie behutsam vorgehen. Viele, die zu ihr kommen, sind fest davon überzeugt, dass sie von etwas befallen sind, und sie sind frustriert, weil Ärzte sie wegschickten. Sie haben kein Interesse daran, nun an einen Psychotherapeuten verwiesen zu werden. Irgendwann dreht sich in ihrem Leben alles um diesen Wahn und das Wichtigste ist, andere davon zu überzeugen.

Ein typischer Fall war eine Familie aus Massachusetts, die zu Ridge kam. Kelly (Name geändert) hatte einen Onkel, der anfing, der Familie seine Horrorgeschichte zu erzählen: Er glaube, dass Insekten mit einer harten Schale in ihm lebten, die knirschten, wenn er sie zerdrückte. Er fühlte sie herumwandern, vor allem in der Nase und im Intimbereich. Zuerst versuchte es die Familie mit Geduld und erklärte, dass das nicht möglich sei, aber er versuchte immer hartnäckiger, sie zu überzeugen.

Um »Proben« als Beleg zu sammeln, zwickte sich Kellys Onkel mit einer Pinzette Gewebe- und Knorpelteile aus dem Innern der Nase, bis seine Scheidewand ein Loch hatte. Nun pfeift es, wenn er atmet. Nachdem zahllose Tests keinen Hinweis auf Insekten erbrachten, gaben seine Ärzte auf. »Alle diese Mediziner – sie halfen ihm nicht nur nicht, sie beschämten ihn auch, ehrlich gesagt«, sagt Kelly. »Er kam dort mit gesenktem Kopf heraus, so deprimiert war er.«

Ein Arzt verschrieb ihm ein Medikament gegen Wahnvorstellungen, aber er weigerte sich, es einzunehmen. »Er sagte, er brauche kein Neuroleptikum«, erzählt sie. »Was er brauche, sei der Beweis, dass sich alle irrten.«

Kelly brachte ihren Onkel schließlich zu Gale Ridge. Sie untersuchte seine Proben und traf sich mit der Familie, um ihr genau die Nachricht zu verkünden, die Kellys Onkel nicht hören wollte: In den Proben waren weder Insekten noch andere Tierchen. Er ging, frustriert und verärgert. Jahrelang beteuerten Entomologen, dass diese Art Wahn nicht so selten ist, wie Psychiater und Öffentlichkeit glaubten. Dann gab ihnen 2018 eine Studie der Mayo Clinic recht. Die erste Beobachtungsstudie zur Verbreitung dieser Krankheit ergab, dass pro Jahr etwa 27 von 100 000 Amerikanern Dermatozoenwahn entwickeln. Das würde bedeuten, dass heute allein in den Vereinigten Staaten etwa 89 000 Menschen darunter leiden – und das ist eine konservative Schätzung, die nur jene zählt, die deswegen zum Arzt gehen.

Das Internet hat vermutlich die Zahl der Leidenden anschwellen lassen. Blogs und Websites von Menschen, die glauben, sie seien verseucht, vermitteln ihren Glaubensgenossen ein Gemeinschaftsgefühl – und isolieren sie weiter von ihren Freunden und der Familie, die sie nicht bestätigen. Viele dieser Websites verbreiten Falschinformationen und Verschwörungstheorien, die die Wahngedanken verstärken, und oft wird versucht, den Lesern Scheinlösungen zu verkaufen.

Doch so bizarr das Ganze auch sein mag, es ist tatsächlich nicht schwer zu verstehen, warum Menschen so gerne glauben, dass sie von unsichtbaren Insekten oder Parasiten befallen sind. Häufig verursacht eine Grunderkrankung das Jucken oder Krabbeln, sodass sie meinen, sie seien befallen. Das kann so unterschiedliche Ursachen haben wie Allergien, Ernährung, Stress, Nervenleiden oder Drogen.

Was mit einem Jucken oder anderen Haut- oder Nervenleiden anfängt, mündet oft in eine Fixierung, häufig auf Insekten. Vielleicht, weil sich viele bereits ein wenig vor Insekten fürchten, sagt Ridge. »Wenn Menschen glauben, sie wurden gebissen, denken sie natürlich sofort daran. Es ist fast instinktiv.«

Sind sie erst einmal überzeugt von ihrer Theorie, entwickelten sich ihre Geschichten meist auf ähnliche Weise, sagt die Entomologin Nancy Hinkle von der University of Georgia. Ein Wort benutzten sie alle: »verzweifelt«. »Sie rufen an und sagen: Dr. Hinkle, Sie müssen mir helfen – ich bin verzweifelt«, sagt sie. Viele Entomologen wissen, was als Nächstes kommt, und können doch nichts tun. Einige wie Hinkle und Ridge nehmen solche Fälle an.

Wenn ein Entomologe keine Insekten oder Parasiten findet und keine andere physische Ursache für die Symptome vorliegt, kann sogar der Hausarzt Medikamente gegen Wahnvorstellungen verschreiben. Doch nach etwa sechs Monaten wird es laut Ridge schwer, die Patienten zum Behandlungsbeginn zu bewegen. Ein weiteres Problem ist, dass diese Medikamente zur Gruppe der Psychopharmaka gehören und das Wort »psycho« für Menschen mit dem Leiden eine enorme Barriere darstellt.

»Viele Patienten nehmen sie nicht«, sagt der Dermatologe Mark Davis, ein Autor der Mayo-Studie zum Dermatozoenwahn. »Sie meinen, man sage, sie seien verrückt, und das seien sie nicht.« In den sieben Jahren vor dieser Studie dokumentierten Davis und seine Kollegen an der Mayo Clinic 147 Fälle von Dermatozoenwahn. Er kennt keinen einzigen Fall, in dem jemand den Wahn erfolgreich überwunden hätte. Oft, sagt er, kämen sie zur Mayo und erwarteten die Diagnose einer neuen exotischen Infektion und verschwänden enttäuscht auf Nimmerwiedersehen.

Ein weiterer Dermatologe, John Koo von der University of California in San Francisco, verfolgt einen anderen Ansatz. Koo ist auch als Psychiater ausgebildet. Er versucht nicht, den Patienten ihren Wahn auszureden. Das funktioniere nicht, sagt er. Er zeigt stattdessen Empathie. »Man kann ihren Vorstellungen zustimmen und ganz sicher ihr Leiden verstehen«, erzählte er der *Clinical Psychiatry News* 2018 in einem Interview. Sobald die Patienten ihrem Arzt vertrauten, sei es wahrscheinlicher, dass sie eine niedrige Dosis eines Neuroleptikums wie Pimozid versuchsweise nehmen. Wenn es ihnen lieber ist zu glauben, es würde die Insekten töten, als auf ihr Hirn wirken, dann solle es so sein.

Als Entomologen wollen Hinkle und Ridge jedoch nicht die Vorstellung unterstützen, es gäbe die Insekten. Aber beide zeigen viel Mitgefühl, was sie emotional fordert. »Manchmal kann ich nicht abschalten«, sagt Hinkle. »Ich kann nicht schlafen.« Sie liegt dann im Bett und denkt an eine Frau, mit der sie an dem Tag sprach, und vermutet, dass diese gerade in Bleichmittel badet.

Lisa half der Kontakt mit Gale Ridge, die Kurve zu kriegen. Bei ihrem Telefonat erklärte ihr Ridge die Biologie der Roten Vogelmilbe und was noch alles ihre juckende, kribbelnde Haut verursachen könne. Sie versicherte Lisa, sie habe keinen Milbenbefall und sei nicht verrückt. Sie müsse nur die Ursache für das Jucken finden. »Irgendwie fing ich an, ihr zu glauben. Ich weiß nicht warum. Dr. Ridge hat mir in gewisser Weise das Leben gerettet, wirklich!«, sagt Lisa.

Um die Zeit, als sie anfing, sich befallen zu fühlen, hatte Lisa ihre Hormontherapie abgesetzt. Das war ein Hinweis. Sie suchte wieder den einen Arzt auf, dem sie damals vertraut hatte. Der Internist war gewillt, so wie Ridge es empfahl, »um die Ecke zu denken«. Sie machten sich gemeinsam auf die Suche.

Der Arzt erklärte ihr, dass Hormonveränderungen wie die ihre ein Kribbeln auslösen können, eine Hautirritation, die sich anfühlt, als liefen Insekten auf ihr herum. Er gab ihr wieder ein Hormonpflaster, wie die, welche sie abgesetzt hatte, und telefonierte eine Woche lang täglich mit ihr, um sie zu fragen, wie es ihr ging. Jeden Tag trug er ihr auf, etwas mehr zur Normalität zurückzukehren: ihre Kleider nicht mehr zu bügeln oder Dinge wegzuwerfen, die sie für ihre Reinigungsrituale benutzte. Sie fing an, wieder normal zu essen und spazieren zu gehen.

Langsam wurde der Wahn schwächer. Schließlich zog Lisa wieder nach Hause und schlief im eigenen Bett – wenn auch mit neuer Matratze und neuem Bettzeug. Dann fing sie eine kognitive Verhaltenstherapie an. Als wir sprachen, acht Monate nachdem ihr Martyrium im Hühnerstall begonnen hatte, hielt sich Lisa für zu 97 Prozent geheilt. Noch schaffte sie es nicht, in den Stall zu gehen, und war sich auch nicht sicher, ob sie jemals wieder Hühner halten wollte. Aber das Kribbelgefühl auf der Haut war verschwunden, seit sie wieder die Hormonpflaster benutzte, und sie war erleichtert, ihr Leben zurückzuhaben. »Dafür braucht es Viele«, meint sie – und Ridge war der Schlüssel.

Auch für Kelly und ihren Onkel stellte Ridge die letzte Hoffnung dar – aber auch den Wendepunkt. Als die Familie verstand, was wirklich vor sich ging, blieb sie beim nächsten Krankenhausaufenthalt von Kellys Onkel standhaft und überredete ihn zu einer vorrübergehenden psychiatrischen Behandlung. Mit den Medikamenten verbesserte sich sein Zustand. Kelly berichtete Ridge, dass er nun zu Hause sei und täglich eine Pflegerin vorbeikomme, die sicherstelle, dass er seine Medikamente nimmt.

Die Zeit werde zeigen, ob ihr Onkel jemals gesund werde, sagt Kelly. Aber sie danke Gott und Ridge, ihm diese Chance gegeben zu haben. Sie hofft wie Lisa, dass ihre Geschichte anderen hilft zu erkennen, was mit ihnen oder mit jemandem, um den sie sich sorgen, geschieht – bevor die unsichtbaren Peiniger das Steuer übernehmen.

Das Voodoo-Puppen-Rätsel

Ah, warum Stechen so befriedigend ist

Als Brad Bushman die Voodoo-Puppen ausgab und die Leute aufforderte, sich ihre Ehepartner vorzustellen, erwartete er, dass viele zustechen würden. Als Sozialpsychologe weiß er, wie typisch es ist, den Vertrautesten gegenüber am aggressivsten zu sein. Aber jeder, der verheiratet ist, hätte das vermutlich genauso gut vorhersagen können.

An Bushmans Studie von 2014 nahmen 107 freiwillige Paare teil. Jeder bekam eine Puppe und 51 Nadeln. Sie wurden aufgefordert, die Puppe jeden Abend entsprechend dem über ihren Partner empfundenen Ärger zu stechen. Äußerst genervte Ehemänner und -frauen benutzten alle Nadeln. Die Paare nahmen gemeinsam am Experiment teil und erhielten je 50 Dollar dafür. Ich wette, die meisten hätten es auch nur für die Puppenstecherei gemacht.

Denn es ist seltsam befriedigend, sogar erlösend, eine Voodoo-Puppe zu stechen. Es vermittelt so etwas wie Rache, aber es ist ein viel größeres Gefühl von Sicherheit, als dem Ehemann ins Bein zu stechen. Und es funktioniert nicht nur mit Ehemännern. Eine Studie mit Angestellten ergab 2018, dass das Stechen einer Voodoo-Puppe, die einen widerlichen Chef repräsentierte, die Moral am Arbeitsplatz hob. »Die Rache am Übeltäter stellt ein gewisses Maß an Gerechtigkeit her und bestätigt so die Wahrnehmung der Menschen, dass, wer Böses tut, bekommt, was er verdient«, schrieben die Forscher im *Leadership Quarterly*.

Aber wir alle wissen, dass die Bestrafung, die wir für den nervigen Boss oder Ehepartner für angemessen halten, im Umfang variieren kann. Einmal ignoriert man, dass die

Ehefrau die Fernbedienung klaut, ein andermal fährt man aus der Haut. Bushman und sein Team wollten die Gründe verstehen, wann und warum die Ehepartner ihre Gelassenheit verloren.

Das Team vermutete, dass die Teilnehmer mehr auf die Puppen einstachen, wenn sie hungrig waren – das Hirn benötigt zur Verhaltenskontrolle viel Energie. Und tatsächlich stellte es fest, dass die Probanden bei niedrigem Blutzucker viele Nadeln benutzten. »Selbstkontrolle von aggressiven Impulsen benötigt Energie und die Glucose aus unserer Nahrung liefert viel von dieser Energie«, schrieb Bushmans Team in den *Proceedings of the National Academy of Sciences*. Ohne weitere Experimente sei es schwer zu sagen, ob unsere Aggressionskontrolle im Hirn ausfällt, wenn der Blutzucker sinkt – aber das Gefühl ist uns vertraut und hat im Englischen sogar einen Namen: hangry – eine Mischung aus hungrig (hungry) und ärgerlich (angry).

Es scheint offensichtlich zu sein, Hunger macht uns missmutiger. Aber zu messen, wie sich das in Aggression umsetzt – anderen mit dem eigenen Verhalten sogar schaden zu wollen, physisch oder psychisch –, ist schwieriger, als einfach Menschen zu fragen, wie aggressiv sie sich fühlen. In dem Maß, wie Ärzte sich abmühten, eine gute Methode zur Schmerzbestimmung zu finden, so kämpften Psychologen lange damit, Aggressionen zu messen. (Man kann nicht einfach die Gewalttaten zählen, da wir zum Glück auf die meisten unserer aggressiven Impulse nicht reagieren.) Wie definiert man also, wie aggressiv jemand ist, sodass es wiederholbar und über Gruppen hinweg vergleichbar ist? Überall und immer?

Psychologen belegen Testaufgaben gerne mit Namen. Bushmans Aggressionstest bekam den Namen Voodoo-Puppen-Test. Er erwies sich als großartiges Werkzeug zur

Erforschung von Aggressionen. Jeder Proband bekommt eine Puppe, die eine spezifische Person repräsentiert: entweder einfach einen Bekannten oder jemanden, der sie irgendwie provoziert hat. Die Puppe kann real oder animiert sein, aber in beiden Fällen wird den Testteilnehmern erklärt, dass sie die Puppe mit so vielen realen oder virtuellen Nadeln stechen können, wie sie wollen.

Ich probierte die Version, die Bushman verwendete, eine virtuelle Voodoo-Puppe auf der Website Dumb.com. Zuerst war ich skeptisch: Kann es wirklich befriedigen, am Monitor auf das Bild einer Puppe zu klicken? Als ich die Website aufrief, sah ich ein realistisches Bild einer Puppe aus weißer Schnur mit orangen Streifen. Man kann einen Namen für die Puppe eintippen; ich benannte sie nach jemandem, von dem ich mich ungerecht behandelt fühlte. Als der Name auf der Brust der Puppe aufpoppte, begann ich, mich darauf zu freuen, auf sie einzustechen.

Mit der Maus nahm ich eine virtuelle Nadel, fuhr über die Puppe und genoss es, auswählen zu können, wohin ich stechen wollte. Ich klickte auf den Fuß und die Nadel fuhr hinein. Tränen füllten ihre Augen, ihr Lächeln verzerrte sich. Wau! Ich hatte nicht erwartet, dass die Puppe reagieren würde. Neben den Nadeln bietet das Programm auch noch eine brennende Kerze und eine Kneifzange an. Ich berührte mit der Kerze den Arm. Sie zuckte und wand sich, als hätte sie Schmerzen. Ihr Blick wurde besorgt und ich schaffte es fast nicht, die Zange auszuprobieren. Schließlich packte ich sie und klickte ihr damit in den Bauch. Ein dunkler Kratzer erschien, die Puppe krümmte sich vor Schmerz, solange ich drückte. Mir war das alles ein bisschen zu real. Ich kam mir nicht nur lächerlich vor, sondern schämte mich auch etwas, dass ich der Puppe wehtat. Dann kam ich mir albern vor, weil ich mir Sorgen machte, eine Computerpuppe zu verletzen – entscheidend ist aber natürlich, dass unser Verstand die Puppe so leicht mit der Person verbindet, für die sie steht.

Vor dem Voodoo-Puppen-Test dachten sich Forscher schon andere aggressive Handlungsweisen aus, die sie ihre Probanden im Labor ausführen ließen, wie das Scharfe-Soßen-Paradigma. Die Teilnehmer bekamen Flaschen mit scharfer Soße und durften davon so viel sie wollten, auf ein Essen schütten, welches – so wurde ihnen versichert – jemand vollständig aufessen muss, der kein scharfes Essen mag. Je mehr Soße sie verwendeten, für umso aggressiver hielt man sie.

Der Test funktionierte gut und die Forscher benutzten ihn, um eine ganze Reihe sozialpsychologischer Fragen zu studieren – zum Beispiel, ob Menschen, die auf Ablehnung sehr empfindlich reagieren, zu mehr Aggressionen neigen, wenn sie abgelehnt werden. (Sie tun es.) Das Scharfe-Soßen-Paradigma ist wie so viele andere zuvor inzwischen obsolet. Damit der Trick funktioniert, dürfen sich die Teilnehmer nicht so gut kennen, dass sie wissen, ob der zu Quälende tatsächlich scharfes Essen mag oder nicht. Zudem führt man heute viele der psychologischen Studien mit Fragebögen im Internet durch – und selbst in der Cloud kann man keine scharfe Soße durchs Kabel schicken.

Mit den Voodoo-Puppen ist es etwas ganz anderes. Man kann nicht nur in Ruhe wild von zu Hause aus auf sie einstechen, ich stellte auch fest, dass das genauso gut am Monitor geht. Auch das Objekt der Aggression muss nicht in der Nähe sein; es ist sogar besser, wenn es das nicht ist. In der Studie mit den hungerlaunigen Ehepaaren wies man die Partner an, nicht voreinander zuzustechen. Stellen Sie sich vor, wie die Rachetaten eskaliert wären, die die armen Puppen hätten ertragen müssen!

Damit der Test unserer Gefühle mit Voodoo-Puppen funktioniert, müssen wir sie behandeln, als wären sie in gewisser Weise lebendig. Und wie sich zeigt, neigen Menschen genau dazu. Das bringt uns zu einer Vorstellung, die noch tiefer in das Feld der Psychologie hineinreicht: magisches Denken. Paul Rozin und seine Kollegen berichteten 1986 in einer wichtigen Forschungsarbeit, dass moderne Amerikaner an zwei »Gesetzen des Analogiezaubers« festhalten, die für traditionelle Kulturen schon Anfang des 20. Jahrhunderts dokumentiert wurden. Analogiezauber ist im Prinzip die Idee, dass eine Person oder ein Ding beeinflusst wird, wenn einem Objekt, das dafür steht, etwas geschieht. Daher ist symbolisches Verbrennen eine so gewaltige emotionale Aussage und wir haben das Gefühl, der repräsentierten Person zu schaden.

Ein Gesetz des Analogiezaubers ist die Übertragung von Eigenschaften zwischen Objekten. Deshalb wird für Dinge aus dem Besitz von Stars und Sternchen haufenweise Geld auf eBay ausgegeben: Die Vorstellung »Kim Kardashian trug diesen BH!« macht ihn wertvoll. Auch Negatives ist übertragbar: So gilt in einigen Gegenden Essen als verseucht, wenn es menstruierende Frauen berührten, die als unrein gelten.

Das zweite Gesetz ist die Übertragung von Ähnlichkeit: die Vorstellung, das Bild von einem Objekt entspräche dem Objekt. Das macht kackeförmige Pralinen zu einem schlechten Geschäft und Voodoo-Puppen auch ohne Glauben an das Übernatürliche so befriedigend. Die Neigung unseres Hirns, Symbol und Reales gleichzusetzen, verbindet die Puppe mit der repräsentierten Person.

In den Experimenten scheint diese Art magischen Denkens auf das reale Leben übertragbar zu sein. In der Zeitschrift *Aggressive Behavior* berichtete 2013 ein Team von

Psychologen und Soziologen, dass Menschen die Eigenschaften einer Person tatsächlich auf die Voodoo-Puppe projizieren, die diese repräsentiert. »Der Vorgang, einer Voodoo-Puppe durch das Stechen mit Nadeln wehzutun, hat psychologisch gesehen eine starke Ähnlichkeit mit einer Beeinträchtigung der Person, die die Puppe repräsentiert.«

Eine Puppe zu erstechen, ist also ein wunderbares Maß für Aggressionen, da wir tief in unserem Stammhirn das Gefühl haben, dass wir wirklich unsere Ehemänner, Ehefrauen, Chefs, Freunde, Nachbarn oder wen auch immer tatsächlich stechen.

Zuletzt tun wir die ganze Nadelstecherei für einen guten Zweck. Die Mentoren des Voodoo-Puppen-Tests behaupten, er könne helfen zu verstehen, warum Menschen aggressiv werden – und uns hoffentlich einen Weg zeigen, Aggressionen zu verringern. So haben die Forscher etwa auch herausgefunden, dass bei Ehepaaren neben Hunger auch Schlafmangel zu Aggressionen führen kann. Und Ablehnung verstärkt Aggressionen und den Wunsch nach Rache in jeder sozialen Situation – vom Klassenzimmer über den Arbeitsplatz bis ins Schlafzimmer.

Auch wenn Sie sich nicht als »aggressiv« empfinden, kennen Sie sicher das Gefühl aus vergleichbaren Situationen. Psychologen sagen, die Aggression sei eines der am meisten missverstandenen Konzepte der Verhaltenswissenschaft. »Die Allgemeinheit sieht sie gewöhnlich als abnorme Verhaltensform«, schrieben der Neurologe Robert Huber von der Green State University und die Psychologin Patricia Brennan von der Emory University 2011 in einem Buch. Doch Aggressionen sind allgegenwärtig, in gewissem Maß sind sie sogar notwendig – nicht nur für Menschen, sondern im gesamten Tierreich. Ein Lebewesen ohne jegliche Aggressionen könnte sich nicht verteidigen oder um Ressourcen konkurrieren.

Für Psychologen und Neurologen lautet die Frage nicht, ob wir zu Aggressionen fähig sind, sondern wie wir sie die meiste Zeit kontrollieren. Ungebremste Aggressionen auszuleben ist kontraproduktiv. Aber fein abgestimmt und nur als Hilfe zum Überleben sind sie der Schlüssel zu unserer Entwicklung als soziale Spezies.

Wenn Ihnen also jemals ein Wissenschaftler eine Voodoo-Puppe gibt, stechen Sie ohne schlechtes Gewissen los. Agressionen zu empfinden, ist das Natürlichste auf der Welt.

Weich zurück, Bozo!

Wie sich herausstellte, sind Clowns wirklich gruselig.

Es fing im Sommer 2016 an, Clowns kamen überall in Amerika aus ihren Verstecken und die Öffentlichkeit flippte aus. In South Carolina berichteten Kinder, dass eine Gruppe Clowns sie in den Wald locken wollte. In Florida richteten zwei Clowns ein Chaos an, als sie mit Axt und Baseballschläger auf die Jagd gingen. Schaurige »Clown-Sichtungen« wurden zum Meme und besetzten den dunklen Fleck in der Vorstellung der Allgemeinheit, den einst Ufos füllten.

Schon bald kam es auch in England, Australien, Kanada und Schottland zu Clown-Alarmen. Ob es nun jugendliche Witzbolde, eine Filmwerbemasche, Einbildung oder echte Komiker waren, die Schaden anrichten wollten, immer wurden die Clowns mit einem Wort beschrieben: gruselig.

Aber was genau heißt gruselig? Es ist nicht ganz dasselbe wie unheimlich oder ekelhaft, obwohl es sicher eine Spur von Bedrohung oder potenziellen Schaden in sich birgt. »Ein Bandit, der Ihnen eine Pistole vors Gesicht hält und Geld fordert, ist bedrohlich und fürchterlich. Doch die meisten würden die Situation nicht als ›gruselig‹ beschreiben«, sagt der Sozialpsychologe Frank McAndrew, der 2016 die erste große Studie dazu publizierte. McAndrew erklärt Grusel als ein Gefühl von Angst, das in einer unklaren Situation entsteht, wenn wir also nicht sicher sind, ob etwas bedrohlich oder schädlich ist. Und sind wir über eine Bedrohung nicht sicher, sendet unser Unterbewusstsein ein Warnsignal. Etwas scheint verdächtig zu sein, vielleicht gefährlich, sodass unser Hirn leise hinter den Kulissen assoziiert. Das nennen wir Intuition, und die schützt uns oft.

Warum sollten Clowns gruselig sein? Sie sind alberne, gut gelaunte Unterhalter kleiner Kinder, oder? Wissenschaftler haben über diesen Widerspruch nachgeforscht – und die Clown-Sichtungen erwiesen sich als großartige Fallstudie über die Natur des Gruselns. »Clowns sind in vielerlei Hinsicht die perfekte Kombination verrückter Dinge«, meint McAndrew.

Sie seien nicht nur schadenfroh und sähen seltsam aus, fährt er fort, man wisse auch nicht, wer sich dahinter verbirgt oder was sie hinter dem aufgemalten Lachen wirklich fühlten. Deshalb charakterisierten viele Menschen Clowns als gruselig, weil sie in den »Gruselgraben« fallen, auch Akzeptanzlücke genannt, so wie es das fast menschliche Aussehen von besonders realistischen Robotern auch darstellt. Die Idee ist, dass wir Roboter mögen, die ein bisschen menschlich wirken (wie C-3PO), aber von zu menschlichen abgestoßen werden. Demzufolge machen uns Clowns Angst, weil sie die Grenzen, wie Menschen aussehen, verwischen – verständlich, bei dem starken Make-up, den großen Füßen und wirrem Haar.

Aber die Akzeptanzlücke vermag den Gruselfaktor von Clowns nur teilweise zu erklären. Denn diese Theorie bezieht sich auf Objekte, die Menschen gleichen: Roboter, Puppen und computergenerierte Charaktere, die wie die im Film *Der Polarexpress*[18] Tom Hanks imitieren. Clowns sind eindeutig Menschen, vielleicht unheimlich, aber keine Kopien – und sie wurden nicht immer verabscheut. Wäre das Problem nur eine Frage der Akzeptanzlücke, müssten Clowns und stark geschminkte Schauspieler immer ein Gruseln hervorrufen. Doch es gibt viele beliebte Clowns, wie Bozo und Ronald McDonald. Ich erinnere mich sogar, dass Clowns im Kinderzimmer als Dekoration völlig in Ordnung waren. Versuchen Sie das heute und schauen sie, wie ihre Kinder – ganz zu schweigen von anderen Erwachsenen – darauf reagieren.

Was Clowns wirklich gruselig macht, ist für McAndrew die Tatsache, dass sie schillernde Charaktere darstellen. »Wenn jemand bereit ist, die Konventionen der Gesellschaft durch Verkleidung und sein Tun zu verspotten, welche Regeln ist er dann noch bereit zu brechen?«, fragt er sich.

Clowns waren schon immer eine Art Trickster, meint der Autor Benjamin Radford. Seit den Tagen von *Punch und Judy* sind sie ein Beispiel für diese Mischung aus Grauen und Humor, sagt Radford. Der an Harlekins angelehnte Punch ist ein Spaßvogel, der auch mal seine Frau schlägt und sein Kind tötete. Man weiß nie, was er als Nächstes tut, was es spannend macht.

Das passt zu McAndrews Forschungsergebnissen. »Nur wenn wir eine Bedrohung nicht einschätzen können, schaudert uns«, bemerkt er. »Es wäre unhöflich und seltsam, mitten in einem Gespräch mit jemandem wegzulaufen, der unheimlich wirkt, aber eigentlich harmlos ist. Gleichzeitig könnte es aber auch gefährlich sein, die eigene Intuition zu ignorieren und sich auf diesen Menschen einzulassen, wenn er tatsächlich eine Bedrohung ist. Die Ambivalenz lässt Sie erstarren und verursacht ein Unbehagen.«

Die witzigen Clowns jonglieren immer zwischen Unterhaltung und Unheil. Daher ist es einfach, die traditionelle, lustige Trope umzudrehen, wie oft in Literatur und Film. Bereits 1892 debütierte in der Oper *Der Bajazzo* der mörderische Clown als Star. Die Trope des bösen Clowns startete in den 1970er- und 80er-Jahren regelrecht durch, als bei einigen Festen der Serienmörder John Wayne Gacy als Pogo der Clown auftrat und Stephen Kings Es weltweit zum Bestseller wurde. Heute scheinen Clowns öfter schaurig als lustig zu sein.

Das bringt uns wieder zu den Sichtungen der Gruselclowns. Zuerst wurden Fotos und Videos von wirklichen Beobachtungen auf YouTube und in den sozialen Medien gepostet. Dann wurde das Phänomen zu einer Serie von Online-

Memes mit Bildern von Clowns mit schaurigen Sprüchen wie »Schlaf gut, ich bin unter deinem Bett«. In Hunderten Tweets unter dem Hashtag #IfISeeAClown scherzten Leute darüber, wie sie reagieren würden, sollte plötzlich ein Clown erscheinen. Angesichts der Paranoia verteidigte sogar Stephen King die Clowns. »Die meisten von ihnen sind gut, heitern Kinder auf und bringen Leute zum Lachen«, tweetete er.

Der Harvard-Informatiker Michele Coscia erforscht virale Ideen und meint, er wisse, wieso gruselige Clowns so ein Hit in den sozialen Medien wurden. Er betrachtet den »Kanonizitäts«-Wert, also wie ausgefallen ein Meme ist. Eine geringe Kanonizität heißt, das Bild ist selten, und seltene Bilder gehen am häufigsten viral. Im Fall der Gruselclowns gab es laut Coscia bereits Scherz-Memes und Memes mit Gruselclowns – aber nicht die Verbindung von beidem: Scherze, für die sich Personen als Gruselclowns verkleideten. Und bum: Ein neues Bild mit niedriger Kanonizität war geboren, bereit viral zu gehen.

Dann kam die Sozialpsychologie ins Spiel. »In den sozialen Medien wurde das regelrecht angeheizt. Sie vermitteln ein falsches Bild davon, wie weit verbreitet und bedrohlich etwas ist«, sagt McAndrew. »Besser übervorsichtig sein und die Kinder vor den Killerclowns schützen, als andersherum. Wir haben nun die Möglichkeit, Alarm zu schlagen und Gerüchte mit dem Megafon zu verbreiten, und wir lassen uns keine Gelegenheit entgehen.«

McAndrews Forschung zufolge werden die Gruselclowns zwangsläufig bald wieder auftauchen. Und Clowns werden vermutlich auch weiter gespenstisch bleiben. Für seine Forschung bat Coscia Probanden, die Gruseligkeit verschiedener Berufe zu bewerten. Wer war der Gewinner, der Tierpräparatoren, Sexshop-Besitzer und Bestatter hinter sich ließ? Die Clowns.

Vergiss niemals ein Gesicht

Innenansicht einer speziellen Supermacht der Strafverfolgung

Am 28. August 2014 verließ die 14-jährige Alice Gross ihr Haus in West London zu einem Spaziergang und kehrte nie mehr zurück. Die Suche nach ihr wurde die größte jemals in London seit der Fahndung nach den Bombenlegern von 2005 durchgeführte. Die Nachbarn in Ealing banden um jeden Baum und Ständer und jedes Geländer im Stadtteil gelbe Bänder, und Hunderte Polizisten suchten nach ihr. Die einzige Spur: grobkörnige Bilder einer Überwachungskamera. Auf ihnen geht das Mädchen, einige Stunden nachdem sie das Haus verlassen hatte, einen Kanal entlang; eine Viertelstunde später sieht man einen Mann auf einem Fahrrad, der in dieselbe Richtung fährt.

London ist mit etwa einer halben Million, zumeist privater Überwachungskameras übersät, die Häuser, Geschäfte und öffentliche Orte beobachten. Für die Polizei sind sie eine wertvolle Quelle – doch nur, wenn sie den Verdächtigen auf den Bildern entdeckt. Im Fall von Alice Gross verfolgte die Polizei den Radfahrer von der Kamera am Kanal, die das letzte Bild des Mädchens aufgenommen hatte, einige Kameras weiter. Er verschwand eine Weile in einem Wäldchen, tauchte wieder auf, kaufte sich in einem Laden ein Bier und verschwand erneut. Das sah verdächtig aus. Wer war er?

An diesem Punkt hatte die Polizei einen Vorteil: Der Londoner Metropolitan Police Service stellte ein Team aus Männern und Frauen mit außergewöhnlichen Fähigkeiten bei der Gesichtserkennung zusammen. Als Gross 2014 entführt wurde, hatte die Polizei bereits erste Tests mit der Gruppe durchgeführt. Mit ihrer Hilfe identifizierte sie Gesichter von Kriminellen, die schon zuvor mit den Strafverfolgungsbehörden zu tun hatten, wie etwa Stephen Prince, einen Bombenwerfer und Randalierer, der 2011 verhaftet wurde.

Die Spezialeinheit identifizierte den Mann auf den Bildern als Arnis Zalkalns, einen 41-jährigen Bauarbeiter, der in Lettland sieben Jahre für den Mord an seiner Frau im Gefängnis gesessen hatte und 2009 wegen eines Sexualdelikts an einer 14-Jährigen befragt worden war. Die Polizei leitete die Fahndung nach ihm ein und fand ihn erhängt in einem Wald. Vier Tage zuvor hatte sie wenige Kilometer entfernt in einem Fluss Gross' Leiche gefunden. Weitere Untersuchungen von Polizei und Scotland Yard, darunter ein DNA-Test, ergaben, dass Zalkaln Gross getötet, in den Fluss geworfen und dann Selbstmord begangen hatte. Auch wenn es leider zu spät war, Gross zu retten, hatte die Spezialeinheit bei der Aufklärung des Mords eine Schlüsselrolle gespielt.

Detective Chief Inspector Mick Neville ist begeistert über die Fähigkeiten der Gruppe. »Gary Collins ist so gut, dass er über seinem Sonntagsbraten drei Menschen identifizierte«, sagte er über einen Beamten, der sich am Wochenende mit einem iPad voller Fotos von Verdächtigen entspannt. Nach den Londoner Krawallen von 2011 durchkämmte die Einheit Tausende Stunden Bildmaterial und Collins allein identifizierte 190 der Randalierer.

Diese Stars der Gesichtserkennung arbeiten in lokalen Polizeirevieren. Sie erstellen vor ihrem inneren Auge eine Bibliothek der Kriminellen ihres Bezirks und helfen New Scotland Yard gelegentlich, Verbrechen aufzuklären. Bis jetzt sind ihre größten Treffer ein Sittenstrolch, der auf mehreren Buslinien der Stadt sein Unwesen trieb, ein Juwelendieb und die russischen Spione, die 2018 den ehemaligen britischen Doppelagenten Sergei Skripal und seine Tochter vergiftet haben sollen.

Sie werden auch an Großereignissen wie dem Notting Hill Carnival eingesetzt, dem größten Straßenfest Europas, bei dem Straftaten ein Problem sind. Während des Fests sitzt die Einheit in der Zentrale, die die Überwachungskameras steuert, und sucht die Menge nach bekannten Störenfrieden ab. So entdeckte sie 2015 Mitglieder rivalisierender Banden, die sich ins Gehege kamen. Die Beamten vor Ort entwaffneten die Männer und verhinderten einen Konflikt. »Der leitende Detective war über ihre Fähigkeit, Verdächtige in der dichten Menge zu erkennen, völlig verblüfft«, sagt Neville.

Heute gibt es dafür einen privaten Markt. Neville leitete das Central Forensic Image Team in London, das Tausende Polizeibeamte testete, um die Erkennungsprofis unter ihnen zu finden. Danach wurde er Geschäftsführer von Super Recognisers International, einer Privatdetektei, die sich auf die Suche nach Vermissten und die Überprüfung von Identitäten spezialisiert hat. Zu ihren Klienten gehören die britischen Fußballclubs, für die die Firma, laut eigener Website, »gesperrte Fans, Kartenschwarzhändler und bekannte Randalierer« identifiziert.

Die Fähigkeit, Gesichter zu erkennen, verringert sich laut David White vom Labor für forensische Psychologie der University of New South Wales entlang eines Spektrums. Am unteren Ende stehen Menschen mit einer »Gesichtsblindheit«, einer Prosopagnosie. (Der bekannte Neurologe Oliver Sacks, der 2015 starb, litt an ihr. Er schrieb im *New Yorker*, seinen engen Freund Eric hätte er an den »dicken Augenbrauen und der starken Brille« erkannt.) Am oberen Ende stehen die Super-Erkenner, die zum Teil jemanden

Jahre später identifizieren können, den sie zuvor nur einmal gesehen hatten.

»Diese ›Super-Erkenner‹ sind in der Erkennung und Wahrnehmung von Gesichtern so gut wie kongenitale Prosopagnostiker schlecht«, wie 2009 ein Forschungsteam aus Harvard und vom University College London in einer der ersten Studien zu diesem Phänomen zeigte. Die Gruppe untersuchte vier Super-Erkenner und verglich ihre Gesichtserkennungsfähigkeit mit der von 25 Kontrollpersonen. Die Super-Erkenner übertrafen die »normalen« Erkenner bei jedem Test – manchmal mit der Maximalpunktzahl.

Die meisten Menschen überschätzten ihre Fertigkeit, sagt White. »Wenn Leute an Gesichtserkennung denken, meinen sie, dabei ginge es um Menschen, die sie kennen.« Doch ob ein fremdes Gesicht auf zwei nebeneinander liegenden Fotos dasselbe ist, ist viel schwerer zu erkennen.

Wollen Sie wissen, wo Sie in diesem Spektrum stehen? Dann machen Sie den kurzen oder auch den umfangreicheren Test des Psychologen Josh Davis von der University of Greenwich, der den Forschern bei der Feststellung hilft, wie sich die Menschen auf dieses Spektrum verteilen.[19]

Für Davis scheint es eine angeborene – weitgehend nicht erlernte – Fähigkeit zu sein, deren Verteilung einer Glockenkurve folgt wie die Intelligenz. Es konnten ihr keine speziellen Gene zugeordnet werden, doch eine Studie von 2010 stellte fest, dass sie bei eineiigen Zwillingen extrem gleich ist, verglichen mit zweieiigen Zwillingen: ein erster Hinweis auf eine genetische Ursache. Entsprechend gibt es auch bei Gesichtsblindheit eine angeborene Form, die in Familien vererbt werden kann.

Die Prosopagnosie wird mit der Fusiform Face Area verbunden, Windungen des Gehirns, die am hinteren Schädel unten entlang verlaufen. Das ist vermutlich auch ein guter

Ort, um nach Hinweisen auf ungewöhnliche Hirnaktivitäten bei Super-Erkennern zu suchen.

Eine der drängendsten Fragen für die Wissenschaft ist, ob unser Hirn tatsächlich Gesichter im Vergleich mit anderen Dingen auf eine spezielle Weise verarbeitet. Oliver Sacks tat sich zum Beispiel nicht nur mit Gesichtern schwer, sondern auch mit Gebäuden. Er schrieb, er habe sich einmal verirrt und sei mehrmals an seinem Haus vorbeigelaufen, ohne es zu erkennen.

Doch das gilt nicht für alle Prosopagnostiker. Eine Reihe von Versuchen zeigt, dass Gesichter für unser Hirn eine spezielle Kategorie sind – vielleicht weil sie für uns als soziale Wesen so wichtig sind. Forscher an der Penn State University maßen 2017 mit einer funktionellen MRT die Hirnaktivität von Personen, die Gesichter und Objekte identifizieren mussten. Es zeigte sich, dass die beiden Vorgänge in verschiedenen Teilen des Hirns ablaufen und Menschen mit der ausgeprägten Fähigkeit zur Erkennung von Gesichtern dazu nicht nur die Fusiform Face Area, sondern weitere Teile des Hirns nutzen.

Zudem ergaben Studien, dass unser Hirn zwar zuerst Merkmale wie Augen, Nase und Mund jeweils einzeln verarbeitet, die Gesichtserkennung aber ein holistischer Prozess ist, der die einzelnen Merkmale analysiert, sie zusammensetzt und die Beziehung zwischen ihnen überprüft. Einige Super-Erkenner sind bei dieser Aufgabe besonders gut und erkennen ein Gesicht aus einer Reihe von Gesichtern, andere haben zudem das Talent, sich besonders gut an Gesichter zu erinnern.

Wie verbreitet sind nun die Superhirne der Gesichtserkennung unter uns? Laut David hängt es davon ab, wo man die Grenze zieht. Bis jetzt deuten Tests darauf hin, dass etwa zwei Prozent der Menschen unter Prosopagnosie leiden – und etwa genauso viele hervorragend darin sind, Gesichter zu erkennen.

Wie kann man Menschen mit dieser angeborenen Supergabe am besten nutzen? Die Londoner Polizei stößt bei Polizeidienststellen auf der ganzen Welt auf Interesse und sie teilt ihr neues Wissen mit den Kollegen. David White von der University of New South Wales arbeitete mit der australischen Grenzpolizei, um ein Training für die Beamten zu entwickeln, die sicher feststellen müssen, ob der Fremde vor ihnen derselbe ist wie die Person auf dem winzigen Passfoto.

Whites Forschungsgruppe testete an einer Gruppe der besten, auf die Analyse von Gesichtsbildern spezialisierten Forensiker, ob sie Gesichter nach einer Schulung besser erkennen als ohne Schulung, und ob sich dadurch die Fähigkeit von Menschen steigern lässt, die mit dem Erkennen von Gesichtern ihr Geld verdienen. Die Experten waren tatsächlich besser als ungeschulte Studenten oder Forensiker, die das nur gelegentlich machen. (Und sie übertrafen bei bestimmten Aufgaben auch die Computeralgorithmen zur Gesichtserkennung. Computer sind gut, wenn das Gesicht gut ausgeleuchtet und in derselben Position ist wie auf den Passfotos. Bei nicht optimalen Bedingungen versagen sie oft.)

Vielleicht zieht es ja auch gerade Menschen mit überdurchschnittlichen Fähigkeiten zu solchen Aufgaben. Doch überraschenderweise zeigten diese Experten eine weitere Fähigkeit, die über die »angeborenen« hinausging: Sie erkannten Gesichter, die auf dem Kopf standen. Für White ein Beweis dafür, dass seine Schulung mit dem Schwerpunkt, Gesichter in ihre Bestandteile zu zerlegen und diese einzeln zu vergleichen, womöglich ihre Fähigkeiten über das angeborene Maß steigern konnte.

Ob eine Identifikation durch Super-Erkenner gerichtsfest ist, bleibt fraglich. In den Vereinigten Staaten beurteilen Richter anhand des Daubert-Standards, ob ein Beweis wissenschaftlich fundiert ist. Daher werden alle Identifikationen durch Augenzeugen noch einmal unter die Lupe genommen. Doch Neville sagt, dass sein Team in der Regel nur den Anstoß für Ermittlungen liefert. Es weist die Polizei auf Verdächtige hin, gegen die sie dann mit DNS-Tests oder guter alter Polizeiarbeit ermitteln kann. Dann ist die Identifikation eigentlich mehr ein Mittel zu Ermittlung als ein direktes Indiz, das ein kriminelles Delikt beweist.

Unabhängig davon, wie die Zukunft der Super-Erkenner in der Strafverfolgung auch aussehen wird, gibt ihre Existenz uns Einblick in die Funktionsweise unseres Hirns. Das Erkennen von Menschen ist eine grundlegende Fähigkeit für soziale Arten wie unsere. Wenn wir wissen, wo wir in diesem Spektrum stehen, kann uns das zumindest dabei helfen, peinliche Situationen zu umgehen. Ich kenne eine Frau, die ihre Kollegen darüber informierte, sie sei gesichtsblind, damit diese nicht gekränkt sind, wenn die Frau sie nicht erkennt. Einer der Super-Erkenner der Studie von 2009 musste andererseits gestehen: »Ich täusche oft vor, ich würde [jemanden] nicht erkennen, damit er nicht glaubt, ich würde ihn stalken oder er würde mir viel bedeuten, wenn ich mich daran erinnere, dass wir uns vor vier Jahren mal irgendwo gesehen haben!«

Die Forschung ist auch für Leute wie mich aufschlussreich, die im einfachen Gesichtserkennungstest dürftige sieben von 14 Punkten erreichen, was ganz normal ist. Obwohl ich nicht gesichtsblind bin, fällt es mir schwer, Schauspieler in einem Film wiederzuerkennen. Oft bin ich mir auch bei

Bekannten nicht sicher, wenn ich sie außerhalb des Kontexts sehe. Ich gehe zum Beispiel auf der Straße schon mal an Kollegen vorbei, die ich im Büro sicher erkenne. Mein Mann hingegen grüßte kürzlich in einem Café unsere Katzensitterin – ich hätte sie niemals erkannt. Ich habe ein so großes Vertrauen in seine Fähigkeiten, dass ich völlig geschockt war, als er auch nur sieben Punkte schaffte. Nun weiß ich, wir sind nicht so weit auseinander, und ich muss auf Partys selbst aufpassen, statt darauf zu vertrauen, dass er die Menschen wiedererkennt. Wenn ich Sie also nicht erkenne, bitte ich um Verzeihung: Ich bin nur eine Sieben.

Zelluloidpsychopathen

Welche Filmmonster sind am realistischsten?

Lustig ist: Gewalttätige Psychopathen sind in der Realität meist keine Serienmörder mit irrem Blick, die wie wahnsinnig lachen, wenn sie Menschen ermorden, so wie in kitschigen Filmen. Die Figur des Anton Chigurh im Film *No Country for Old Men* von den Coen-Brüdern kommt dem schon näher. Er geht ruhig mit seinem Bolzenschussapparat herum und wenn du sagst, »Hey, was ist da …« – bum, bist du tot.

Das entspricht – laut dem forensischen Psychiater Samuel Leistedt, der mit vielen Psychopathen gesprochen und sie begutachtet hat – eher dem Verhalten einer Person, die keine Empathie für andere hat. In der Alltagskultur setzen wir sie mit verrückten Mördern gleich, aber Leistedt beschreibt sie als kaltblütig: »Sie wissen nicht, was Gefühle sind.«

Leistedt und sein Kollege Paul Linkowski berichteten 2014 über drei Jahre, in denen sie 400 Filme nach realistisch dargestellten Psychopathen durchforstet hatten. Sie sahen sich im Dienst der Wissenschaft nicht nur Alfred Hitchcocks *Psycho* an, sondern quälten sich sogar durch *Pootie Tang*. Einen Psychopathen zu erkennen lernen, sei nicht einfach, sagt Leistedt. Da Studenten in ihrem Studium kaum mit echten Psychopathen sprechen, machten sich viele falsche Vorstellungen.

Für die meisten sind Psychopathen aufgrund der Darstellung in der Unterhaltungskultur gefährliche Kriminelle oder sogar Serienmörder. Doch in Wirklichkeit sind die meisten Gewalttäter keine Psychopathen und die meisten Menschen mit psychopathischen Zügen keine Kriminellen.

Psychiater definieren Psychopathen nicht über gewalttätiges Verhalten, sondern über eine Reihe extremer Charakterzüge. Oberflächlich charmant sind sie, dazu falsch, manipulativ, impulsiv und großspurig. Sie haben also ein übersteigertes Überlegenheitsgefühl. So etwas wie Empathie, Schuldgefühle oder Gewissensbisse kennen sie nicht. Die Störung wird in der Regel anhand der Psychopathie-Checkliste (PCL) diagnostiziert, die der Kriminalpsychologe Robert Hare erstellte. Bei einem Wert von mehr als 30 der 40 möglichen Punkte gilt man als Psychopath, deren Häufigkeit Hare auf etwa ein Prozent der Bevölkerung schätzt.

Trotzdem führt das *Diagnostische und statistische Manual psychischer Störungen (DSM)*, das maßgebliche Handbuch der Psychiatrie, Psychopathie nicht als Geisteskrankheit auf. Das Handbuch beschreibt die dissoziale Persönlichkeitsstörung, die der Psychopathie ähnlich ist, aber weniger durch Charakterzüge definiert wird als über Verhaltensmuster, inklusive illegaler Handlungen. Etwa 50 bis 80 Prozent aller Gefängnisinsassen entsprechen den Kriterien der dissozialen Persönlichkeitsstörung, aber nur etwa 15 Prozent qualifizieren sich nach der PCL als Psychopathen.

Fragt man nach den Ursachen, entspinnt sich eine lange Debatte über Biologie versus Umwelt oder »Natur versus Kultur«. Sicher sind beide Seiten der Medaille wichtig und einige Forscher glauben, dass psychopathische Menschen entweder so – also »fest verdrahtet« im Hirn – geboren wurden oder als Kinder in gewalttätigen, chaotischen Umgebungen aufwuchsen.

Wie auch immer Psychopathie entsteht, inzwischen wissen Neurologen ein wenig darüber, was Menschen mit Psychopathie ausmacht. Sie fanden zum Beispiel Stellen im Hirn, die bei Psychopathen anders arbeiten als bei andern

Menschen. Dazu gehört die Amygdala, die für die Entstehung von Gefühlen wichtig ist. Einige Studien zeigen auch, dass die Stellen im Hirn, die mit Empathie und Selbstkontrolle verbunden sind, bei Psychopathen weniger aktiv sind. Zudem scheinen ihre Belohnungssysteme überaktiv zu sein, was sie zu Adrenalinjunkies macht. Doch vieles ist noch unklar: Zum Beispiel ist nicht bekannt, welche Rolle Gene für die Entwicklung einer Psychopathie spielen. Auch wurde noch kein spezielles Gen oder eine Sequenz von Genen gefunden, die Psychopathie »erzeugt«.

Anhand des bisher zu diesem Thema Bekannten beschloss Leistedt mit seinem Team fiktive Film-Psychopathen zu »diagnostizieren«, um eine richtige Darstellung zu etablieren und populäre Falschdarstellungen zu verstehen. Sie überprüften die Filme anhand der PCL und der Klassifizierungen, die der forensische Psychiater Hugues Hervé und der Psychiater Benjamin Karpman erarbeiteten. Zuerst sonderten sie eindeutig unrealistische Charaktere aus, etwa jene mit magischen Kräften und welche, die unbesiegbar waren. Von den 400 Filmen blieben so 126 mit 105 männlichen und 21 weiblichen[20] potenziellen Psychopathen aus den Jahren 1915 bis 2010 übrig.

Die Filme lieferten im Grunde eine Art Sozialgeschichte über das, was man seit Anfang des 20. Jahrhunderts unter einem Psychopathen verstand. In der Frühzeit Hollywoods wurden Psychopathen meistens wie eine Karikatur ihrer selbst dargestellt: Gangster, Mörder und verrückte Wissenschaftler mit bizarren Neigungen und dem Zwang, ohne erkenntlichen Grund zu töten.

Später wurden reale Fälle von Serienmördern bekannt, von Ed Gein (Festnahme 1957) über Ted Bundy (1978 festgenommen) bis zu Jeffrey Dahmer (Festnahme 1991), und die Film-Psychopathen wurden ihnen immer ähnlicher –

oder zumindest in den Teilen ihres Verhaltens, die Hollywood-Regisseure fesselte. So bekamen wir sexuell abartige Außenseiter zu Gesicht wie Norman Bates in Psycho (1960) und die chaotischen Massenmörder des Slasher-Genres wie Michael Myers in der *Halloween*-Serie.

Zuletzt führte die wachsende Faszination für die Vorstellungswelt der Psychopathen zu differenzierteren und manchmal sogar realistischen Darstellungen von Verhalten und Persönlichkeit, wie Leistedt und sein Team im *Journal of Forensic Sciences* 2014 schrieben. Statt kichernder Mörder mit nervösem Gesichtszucken haben zumindest einige der heutigen Darstellungen mehr Tiefe und vermitteln einen »fesselnden Eindruck der komplexen menschlichen Psyche«, beobachteten sie.

Am meisten vermochten in den letzten Jahren vermutlich die »erfolgreichen Psychopathen« Hollywood zu faszinieren: weil sie ihre psychopathischen Züge zu ihrem eigenen Vorteil nutzen oder oft das Vertrauen anderer gewinnen, um durch sie an Geld oder Macht zu kommen. Leistedt merkt an, dass sich das Interesse dafür nach der Finanzkrise und spektakulären Gerichtsverfahren wie dem von Bernard Madoff intensivierte. (Offenbar sind unmoralische Börsenmakler die neuen Buhmänner. Statt ihre Opfer aufzuschlitzen, räumen sie deren Bankkonten leer.)

Laut Leistedt gehören die folgenden Beispiele zu einigen der besten und schlechtesten Darstellungen von Psychopathen in Filmen.

Erschreckend realistisch:
Michael Corleone, *Der Pate: Teil II* (1974)

Der Mafioso ist das klassische Beispiel eines kriminellen Psychopathen. Dieser Typ Psychopath kommt laut Leistedt und seinen Kollegen in den Filmen am häufigsten vor. Als junger Mann will Corleone das Familienunternehmen nicht übernehmen, doch als Mafiaboss wird er zum skrupellosen Killer.

Diagnose: sekundärer Machopsychopath

Gordon Gekko, *Wall Street* (1987)

Gekko zeichnet für Leistedt das realistische Porträt eines erfolgreichen Psychopathen, »bisher vermutlich einer der interessantesten, manipulativsten und psychopathischsten fiktiven Charaktere«, meinen er und seine Kollegen in ihrer Studie. Auch die Darstellung des realen Betrügers Jordan Belfort im Film *The Wolf of Wall Street* von 2013 sei interessant: »Diese Kerle sind gierig, manipulativ [und] sie lügen, aber sie sind nicht physisch aggressiv.«

Diagnose: primärer manipulativer Psychopath

Anton Chigurh, *No Country for Old Men* (2007)

Der Auftragsmörder zieht mit einem Bolzenschussapparat mit Druckluftflasche herum: praktisch, um Türschlösser herauszuballern und Leuten in den Kopf zu schießen. Chigurh ist Leistedts Favorit unter den Darstellungen von Psychopathen: »Er macht seinen Job und kann entspannt schlafen. In meiner Praxis traf ich einige Menschen wie ihn.« Vor allem erinnert ihn Chigurh an zwei reale Berufskiller, die er befragte: »Sie waren genauso: kalt, klug, ohne Schuldgefühle, Ängste oder Depressionen.«

Diagnose: primärer klassischer/idiopathischer Psychopath

Furchterregend, aber nicht realistisch:
Norman Bates, *Psycho* (1960)

Als 1957 der Mörder Ed Gein verhaftet wurde, bei dem auch Kannibalismus, Nekrophilie und eine schwierige Mutterbeziehung eine Rolle spielten, starteten die Horrorfilme über

Serienmörder durch. Mit der Figur Norman Bates, die von Gein inspiriert war, entstand ein Genre, das sich der Darstellung von Außenseitern widmete, die oft sexuell motiviert töteten. Dieses Verhalten verband man bald fest mit dem von Psychopathen. Doch Gein war eher ein Psychotiker, jemand ohne Bezug zur Realität. Eine Psychose ist etwas völlig anderes als eine Psychopathie und beinhaltet Wahnvorstellungen und Halluzinationen.

Diagnose: Pseudopsychopathie, Psychose

Hannibal Lecter, *Das Schweigen der Lämmer* (1991)

Ja, er jagte auch mir einen Mordsschrecken ein. Aber Lecters fast schon übermenschliche Intelligenz und Schlauheit sind für niemanden typisch, schon gar nicht für Psychopathen. Lecter ist das perfekte Beispiel eines »Elite-Psychopathen«, einer Ikone der Popkultur der 1980er- und 90er-Jahre. Dieser ruhige, kontrollierte Charakter hat einen kultivierten Geschmack und Manieren, eine außergewöhnliche Kenntnis des Tötens und ein eitles und »fast schon katzenhaftes Benehmen«, schreiben die Forscher und fügen an: »Diese Merkmale, vor allem in dieser Kombination, haben Psychopathen in der Regel nicht.« Und das Grandiositätsgefühl von Psychopathen entspreche laut Studien nicht ihrem tatsächlichen IQ, der sich von dem der restlichen Bevölkerung nicht groß unterscheide.

Diagnose: Lecters unrealistischer Verschnitt von Kenntnissen und Charakterzügen macht ihn zum idealen Bösewicht, aber nicht diagnostizierbar.

Auch jenseits der Filme sind erfolgreiche, gewaltfreie Psychopathen in allen Berufen zu finden, wie der bekannte Neurologe James Fallon auf die harte Tour erfahren musste. Er erforschte die Hirne von Psychopathen, als ihm ein PET-

Scan auffiel, den er für eine Studie zur Alzheimer-Krankheit angefertigt hatte. Er zeigte genau die Eigenschaften, die er bei Psychopathen sah – das fand er überaus interessant, bis er begriff, dass er sein eigenes Hirn betrachtete. (Fallon war in dieser Studie Teil der Kontrollgruppe. Er ahnte nicht, dass er so etwas Verstörendes entdecken würde.)

Als er über sein Verhalten nachdachte, erkannte Fallon, dass er durchaus einige Züge eines Psychopathen[21] hatte, etwa Risikofreude. Aber er hatte auch Karriere gemacht und stabile Beziehungen, und er war ganz sicher kein Mörder. Er sieht sich als »pro-sozialen Psychopathen«, ein Begriff, mit dem manche Psychologen Menschen beschreiben, denen es schwerfällt, Empathie für andere zu zeigen, die sich aber sozial angepasst verhalten können.

Nicht jede Psychopathie entsteht gleich. Aktuelle Forschungen bestätigen die Vermutung, dass Psychopathen sehr verschiedene Leben führen können, entsprechend den Verhältnissen und der speziellen Mischung an Charakterzügen. So genoss Fallon eine gute Kindheit, genoss eine hohe Bildung und wurde Neurologe und kein Krimineller. Ebenso sind Menschen mit einer ausgeprägten furchtlosen Dominanz – ein Merkmal von Psychopathie – oft erfolgreiche Führer in ihrem Beruf. Nur jene, die der Kategorie »ichbezogene Impulsivität« zuzuordnen sind, fallen oft aus dem Rahmen und bringen sich in Schwierigkeiten.

Wissenschaftler betrachteten störende Psychopathen lange als aussichtslose Fälle, da ihre Hirne zur Empathie unfähig sind und sie kein Gewissen entwickeln. Doch es gibt zumindest für einige Kinder mit Anzeichen einer entstehenden Psychopathie einen Hoffnungsschimmer. Da Bestrafung sich nicht auf ihr Verhalten auswirkt, versuchen Wissenschaftler am Mendota Juvenile Treatment Center in Wisconsin einen anderen Ansatz. Die Betreuer des Zentrums belohnen die Kinder für gutes Verhalten, egal wie gering es ist. Sie nutzen das überdrehte Belohnungssystem des psychopathischen Hirns aus. Die Idee ist, sie zu lehren, sich sozial angemessen zu verhalten, auch wenn sie keine Empathie entwickeln.

Das könnte wirken. Bisher wurden 248 jugendliche Straftäter nach ihrer Entlassung aus dem Gefängnis fast fünf Jahre lang überwacht. Von ihnen waren 101 in Mendota behandelt worden. Die Wahrscheinlichkeit, Gewaltverbrechen zu begehen, war bei ihnen nur etwa halb so hoch wie beim Rest. Am wichtigsten: Keiner von ihnen wurde in dieser Zeit wegen Mordes verhaftet; die Jugendlichen aus anderen Einrichtungen töteten 16 Menschen.

Keinen Mord zu begehen, scheint eine niedrige Hürde zu sein, aber es ist eine wichtige. Die Hoffnung ist, mit dem zunehmenden Wissen über Psychopathen und darüber, wie ihre Hirne funktionieren, neue Behandlungsmethoden zu finden. Zumindest könnten wir lernen, sie in den Medien richtig darzustellen. Das würde uns helfen, sie im realen Leben richtig zu identifizieren. Denn es braucht kein wahnsinniges Lachen, ein wahrer Psychopath ohne Empathie und Reue ist schaurig genug.

Typen von Psychopathie

Primäre versus sekundäre Psychopathie: Primäre Psychopathen sind von Geburt an affekt- und emotionslos, was eine genetische Ursache nahelegt. Sie werden oft als aggressiv und impulsiv beschrieben. Sekundäre Psychopathen wurden durch ihre Umwelt geformt, unter Umständen als Kinder misshandelt, und werden oft als scheuer und ängstlicher als primäre Psychopathen beschrieben.

Subtypen:
Klassisch/idiopathisch: Sie erzielen in allen Bereichen der Psychopathie-Checkliste (PCL) von Hare die höchsten Werte, zeigen wenig Angst und keinerlei Hemmungen und Empathie.
Manipulativ: Sie sind oft gute Redner und werden mit Betrugsverbrechen assoziiert.
Macho: Ihnen fehlt es an der Schlagfertigkeit und dem Charme der zuvor genannten Gruppen. Sie manipulieren durch Gewalt und Einschüchterung.
Pseudopsychopathen: Auch Soziopathen genannt; sie zeigen antisoziales Verhalten, haben aber die niedrigsten Werte in der PCL.

Psychopathie-Checkliste
Die am häufigsten verwendete Checkliste zur Diagnose von Psychopathie ist die *Hare Psychopathy Checklist-Revised*, die 20 Merkmale bewertet. Die Patienten erhalten für jedes Merkmal keinen (nicht vorhanden), einen (ein wenig vorhanden) oder zwei (vorhanden) Punkte. Dies sind die 20 Merkmale:

Schlagfertigkeit und oberflächlicher Charme

übersteigertes Selbstwertgefühl

Bedürfnis nach Reizen

pathologisches Lügen

betrügerisch und manipulativ

unfähig zu Reue oder Schuld

unfähig zu tiefen Gefühlen (oberflächliche emotionale Reaktionen)

Gefühllosigkeit und fehlende Empathie

parasitärer Lebensstil

schlechte Selbstbeherrschung

promiskuitives Sexualverhalten

frühe Verhaltensprobleme

Fehlen von realistischen langfristigen Zielen

Impulsivität

Verantwortungslosigkeit

Unfähigkeit, Verantwortung für eigene Handlungen zu übernehmen

viele kurze eheliche Beziehungen

Jugendkriminalität

Verstoß gegen Bewährungsauflagen

vielseitige Kriminalität

Nachwort

Meine Lieblingswissenschaftler sprechen in offenen Worten über die Welt; sie sagen, was sie sehen.

Ich denke hier an Forscher wie Jeff Tomberlin, der leidenschaftlich und überzeugend für Maden als Nahrung plädiert. Und an Helen O'Connell, die nicht nur die Anatomie der Klitoris erfasste, sondern auch dem Rest des medizinischen Establishments erklärte, dass ihre Lehrbücher falsch sind. Oder an die Forensikerin Annalisa Durdle, die Freiwillige aufforderte, die Hosen herunterzulassen und etwas Samen zu spenden, den sie benötigte, um Fliegen zu füttern.

Von dieser Art wissenschaftlicher Beherztheit könnte die Welt mehr gebrauchen. Allzu oft werden wir von Ängsten und unserem Gefühl für Anstand ausgebremst. Einige Themen werden einfach nicht diskutiert oder nicht ernst genommen, manchmal nur, weil wir sie alle als eklig oder peinlich empfinden – wie Sekrete. Oder Sex. Oder Leichen.

Ich traf einmal die Bestsellerautorin Mary Roach – eine meiner liebsten Wissenschaftsautorinnen –, die über viele dieser Themen feinsinnig und humorvoll schreibt. Wir bedauerten, wie schwierig es sein kann, über »Ekliges« zu schreiben: Die Leute nehmen oft an, ich schriebe für kleine Kinder, und schlagen dauernd Buchthemen wie Furzen vor. Doch ich schreibe nicht, um eine derbe Beobachtung zu machen und dann kichernd wegzurennen. Ich möchte vielmehr einen größeren Zusammenhang erforschen oder ein faszinierendes Stück Wissenschaft aufdecken, um uns als Teil der Natur zu verstehen. Und seien wir ehrlich: Die Natur ist oft grässlich.

Natürlich erfreut es Menschen nicht immer, daran erinnert zu werden, dass sie eklig sind. Aber das sind wir: lebende,

Schleim produzierende, kotende, blutende und zuletzt sterbende und verwesende Tiere. Und das ist nichts Peinliches. Als Kinder genieren wir uns dafür nicht, daher denken wir bei diesen Themen oft an Kinder. Aber wenn wir heranwachsen, wird erwartet, dass wir uns für unsere Körper schämen und unser Interesse für diese widerlichen Dinge verlieren.

Ich würde behaupten, wir verpassen etwas, wenn wir nicht mehr auf die ekligen, lästigen oder angstauslösenden Facetten des Lebens neugierig bleiben. Viele wissenschaftliche Durchbrüche kamen nur zustande, weil sich jemand etwas näher ansah, vor dem andere sich drückten. Wir hätten keine Antibiotika, wenn Alexander Fleming zu zimperlich gewesen wäre, Rotz von Erkälteten zu sammeln. (Er bemerkte, dass der Schleim das Wachstum von Bakterien hemmte.)[22] Als ein Schimmel in einer Petrischale sich ähnlich verhielt, erinnerte er sich an diesen Popeleffekt. Das war der Ursprung für seine Entdeckung des Penicillins, das er zuerst »Schimmelsaft« nannte, ein bewundernswert unverblümter Name, der aber der Öffentlichkeit nur schwer zu verkaufen war.

Genauso veränderten Zellen des Gebärmutterhalses einer Frau namens Henrietta Lacks die Medizinforschung für immer.[23] Diese Zellen aus dem »Unaussprechbaren« einer Frau waren die ersten, die Wissenschaftler als unsterblich bezeichneten: Sie konnten sich endlos teilen, ohne zu sterben. Lacks' Zellen eröffneten eine neue Welt der Versuche mit Zellen, wie die Tests des ersten Polioimpfstoffs, das Klonen von Zellen und die Krebs- und Virenforschung generell.

Dann ist da noch die eklige Tierwelt, eine endlose Quelle wunderbarer Inspirationen für Ingenieure und den Rest von uns. Forscher arbeiten nicht nur an Robotern, die wie Schaben rennen und sich klein machen, sondern auch an schusssicheren Westen auf Basis des Schleims von Schleimaalen. Sie fanden sogar heraus, wie die würfelförmigen Kötel im Gedärm der Wombats entstehen.[24] Ich bin gespannt, was die Lebensmittelindustrie daraus macht. Ich vermute, dass ganz neue Extrusionstechniken entstehen werden – und letztlich stapelbare Snacks.

Ich liebe es, dass Tiere eklig sind. Wenn ein Schleimaal blitzschnell Schleim ausschießt, in dem sich Haie verstricken, und wenn Wombats ihr Territorium mit Kötel markieren, die den Felsen nicht hinunterrollen, belegt das die Fähigkeit des Lebens, Probleme zu lösen. Die Evolution mag nicht viel Sinn für Würde haben, aber sie löst die Aufgabe. (Und es ist toll, dass jemand neugierig einen überfahrenen Wombat öffnete, um herauszufinden, wie seine Därme arbeiten.)

Diese Art Neugier ist nicht nur für Wissenschaftler nützlich und sie ist nicht auf diese begrenzt. Wir alle können es ertragen, das Eklige in unserem Leben anzunehmen. Stellen Sie sich vor, wie einfach das Leben mit einer Sechsjährigen zu Hause wäre, wenn Sie problemlos über Kacke reden könnten. Und wie nett es wäre, eine Schabe zu sehen und dabei nur daran zu denken, wie interessant es ist, dass sie mit vier Beinen genauso schnell läuft wie mit sechs. Ganz zu schweigen, wie viel einfacher die Unterhaltung mit Ihrem Arzt über einige Sekrete und Körperfunktionen wäre. Ich wage zu behaupten, dass, wenn wir uns mehr Gedanken darüber machten, was uns anwidert und warum, wir sogar lernen könnten, etwas toleranter zu sein. Und alles beginnt mit Neugier.

Diese Geschichten zeigen Ihnen hoffentlich, wie okay es ist, Ihrer Neugier zu folgen, auch wenn diese Sie kurz in Untiefen führt. Bei der Erkundung auch der ungewöhnlichsten Winkel kann die Wissenschaft Ihr Leuchtfeuer sein, schließlich ist sie ein möglicher Weg zu lernen, wie die Welt funktioniert. Und sobald Sie wissen, wie etwas funktioniert, ist es fast immer weniger furchterregend.

Ich habe das bei mir selbst so festgestellt. Mich erschreckt es nicht mehr, eine Leiche zu sehen, und es wurde viel einfacher, ein Insekt zu essen, als ich erkannte, dass es nicht für jeden ein ekliges Erlebnis ist. Es wurde auch einfacher, mit einem weiblichen Körper zu leben, als ich ihn besser verstand.

Lassen Sie uns daher mehr ekelbehaftete Fragen stellen und offen die Welt entdecken, wie sie ist und nicht wie wir sie uns wünschen. Lassen Sie uns die Wunder der Natur genau betrachten, auch wenn sie sechs Füße haben oder ihren Nachwuchs fressen. Lassen Sie uns weniger furchtsam sein und weniger beschämt über unsere Körper denken. Lassen Sie uns mehr über den Tod sprechen.

Und vor allem: Lassen Sie uns ehrlicher sein.

Endnoten

[1] Mark Pearson, Blutbeute, München 2011, Goldmann; Douglas Starr, Der Wandermörder: ein grausamer Serienkiller und die Geburtsstunde der Kriminalistik, München 2012, Riva

[2] Auch wenn es schwer ist, experimentell zu bestimmen, warum Menschen diese Neugier dem Tod gegenüber verspüren, zeigen Tests, dass das Phänomen durchaus real ist. Die holländische Psychologin Suzanne Oosterwijk berichtete 2017 von einer Testreihe, die sie dazu durchführte. Sie stellte fest, dass Menschen nicht nur Bilder wählten, die Tod oder Gewalt zeigten, auch wenn sie die Wahl hatten, es nicht zu tun, sondern dass sie sie im Vergleich zu neutralen oder angenehmen Bildern sogar länger betrachteten.

[3] Dieser spezielle Röntgenapparat wird von Lodox Systems hergestellt. Er wurde entwickelt, um Bergleute in Diamantenminen in Südafrika daran zu hindern, Diamanten herauszuschmuggeln, indem sie sie schlucken oder in Körperöffnungen stecken. Er scannt die Arbeiter mit sehr niedrigen Röntgendosen. Leichen müssen sich allerdings um ihre Strahlenbelastung keine Sorgen mehr machen, und der Ganzkörperscan hilft den Rechtsmedizinern, Kugeln, Verletzungen, Tumore und andere Krankheiten zu finden.

[4] Besuchen Sie americanart.si.edu/exhibitions/nutshells.

[5] Zufällig war ich auf einer Konferenz zur Forensik, als Prahlow einen besonders schrecklichen Vortrag über Todesfälle hielt, die durch Aufzüge verursacht wurden. Das Fazit: Versuchen Sie nie, einen blockierten Aufzug zu verlassen!

[6] Der Fall des Hamsters war sogar besonders eklig. In Deutschland fand man eine 43-jährige Frau tot in ihrer Wohnung, mit Wunden im Gesicht und am Kopf. Zuerst gingen die Ermittler von einem Angriff aus. Dann entdeckten sie in einer Schublade das Nest des Goldhamsters, das mit Hautfetzen, Fett und Muskelgewebe der Leiche ausgefüttert war.

[7] Die Autorin zitiert hier aus der Originalfassung, ich habe mir erlaubt, sie ins Deutsche zu übertragen (Anm. d. Übers.). Etwas weiter heißt es im selben Satz – King James liebte Endlossätze – über die Wasserprobe zur Aufdeckung von Hexerei: »Gott hat (als übernatürliches Zeichen der monströsen Gottlosigkeit der Hexen) festgesetzt, dass das Wasser sich weigert, ihre Brust zu berühren.« Er merkt an, dass bei Hexen »nicht so sehr ihre Augen Tränen vergießen können (drohen und foltern Sie sie, wie Sie wollen)« – was er auch tat. Weinten die Frauen, sagte er, ihre Tränen seien »geheuchelt wie die der Krokodile«.

[8] Entsprechend heißt die Hauptinsel Tongas übersetzt »Heiliger Süden« und nicht »Verbotener Süden«.

[9] Es gab dort zuvor, 1968, eine illegale Herztransplantation. Gegen den Chirurgen, der sie durchführte, wurde wegen Mords an dem hirntoten Spender ermittelt.

[10] Einige Sprachpolizisten regen sich furchtbar über das Wort »Mörder« für Tiere auf. Ich denke, sie sollten vielmehr darüber nachdenken. Hier geht es um Tiere, die andere Angehörige ihrer eigenen Art gewaltsam töten – nicht um Raubtiere, die eine andere Art töten, um sie zu fressen.

[11] Das Buch ist erschienen bei der Deutschen Verlags-Anstalt, München 2019.

[12] Der Arzt Heinrich Meibom (1638–1700) ist einer der wenigen Glücklichen, nach dem ein eigenes Sekret benannt wurde. Das Meibom-Öl unterscheidet sich biochemisch stark vom Hauttalg. Es besteht aus einer komplexen Mischung von Lipiden und über 90 verschiedenen Proteinen. Probleme mit den Meibom-Drüsen führen oft zu trockenen Augen.

[13] In den USA betrafen laut dem National Electronic Injury Surveillance System (Nationales elektronisches Überwachungssystem von Verletzungen, Anm. d. Ü.) zwischen 2008 und

2012 280 939 Besuche in der Notaufnahme Fremdkörper im Ohr. Am häufigsten kamen Kinder im Alter von zwei bis acht Jahren und die häufigsten Fremdkörper im Ohr waren Schmuckstücke (39 Prozent). Bei Erwachsenen waren es Wattebällchen (50 Prozent), die man sowieso nicht ins Ohr stopfen sollte. Leider weist die NEISS-Datenbank nur Konsumartikel aus und nicht, wie viele Schaben sich darunter befanden.

[14] Der Mensch kühlt sich fast als einziges Säugetier durch die Verdunstung von Schweiß ab. Nur noch das Pferd tut dies. (Die meisten Säugetiere hecheln.) Interessanterweise schäumt Pferdeschweiß, da ihre apokrinen Schweißdrüsen das Protein Latherin produzieren, das wie ein natürliches Reinigungsmittel wirkt. Das Aufschäumen hilft dem Schweiß, durch das wasserabweisende Fell an die Oberfläche zu gelangen, wo er verdunsten kann.

[15] Der gesunde Menschenverstand hilft auch bei der Vermeidung von Pestiziden und anderen Giftstoffen in Lebensmitteln und Haushaltsprodukten. Informieren Sie sich bei wissenschaftlich fundierten Quellen wie dem U.S. Centers for Disease Control and Prevention statt auf Websites und bei Firmen, die Ihnen etwas verkaufen wollen.

[16] Im Jahr 2015 erschien eine Studie im *Journal of the American Medical Association* über Finnland, wo Saunas so zahlreich wie Fernseher sein sollen. Ihr zufolge starben Männer, die häufiger in Saunas gingen, weniger wahrscheinlich an einer Herzerkrankung. Doch laut den Autoren sind »weitere Studien nötig, um den vermutlichen Zusammenhang von Saunen und der Gesundheit des Herzens zu belegen«.

[17] Laut der amerikanischen Gesundheitsbehörde CDC starben von 2008 bis 2017 pro Jahr durchschnittlich 157 Amerikaner an einer Verstopfung. Haie töten im Schnitt sechs Menschen pro Jahr weltweit, laut der Datenbank International Shark Attack File.

[18] Im Film von 2004 wurde erstmals Performance-Capture, auch Motion-Capture genannt, eingesetzt. Ein Schauspieler, hier Tom Hanks, trägt einen hautengen Anzug mit Sensoren, mit denen seine Bewegungen auf eine Animationsfigur übertragen werden. Das hyperrealistische Ergebnis wurde zum Paradebeispiel für die Akzeptanzlücke. Für CNN war der Film »bestenfalls beunruhigend und schlimmstenfalls ein klein wenig schockierend«.

[19] Den einfachen Test für Super-Erkenner-Fähigkeiten – auch auf Deutsch – finden Sie hier: www.superrecognisers.com.

[20] Psychopathie soll in der Regel häufiger bei Männern als bei Frauen vorkommen. Doch in den letzten Jahren wiesen Forscher darauf hin, dass die zur Diagnose von Psychopathie benutzten Merkmale für männliche Psychopathen typischer sein könnten als für weibliche. Daher gibt es keinen belastbaren Schlüssel.

[21] Fallon merkte an, dass er keine »ausgewachsene« Psychopathie habe, da sein Punktewert nach der PCL unter der Psychopathie-Schwelle von 30 liege.

[22] So entdeckte er das Lysozym, ein Enzym, das in unseren Sekreten vorkommt, wie Speichel und Tränen. Es hilft dabei, bakterielle Entzündungen im Körper zu hemmen, erwies sich aber als Antibiotikum gegen Krankheiten untauglich.

[23] Henrietta Lacks war eine Afroamerikanerin, die 1951 an der Johns Hopkins University wegen Gebärmutterhalskrebs behandelt wurde. Einige ihrer Krebszellen bekam der Forscher George Otto Gey. Er bemerkte, dass sie sich vielfach teilten, ohne abzusterben, was ungewöhnlich war. Er nannte sie HeLa nach den ersten Buchstaben von Lacks' Vor- und Nachnamen und entwickelte eine Zelllinie, die bis heute lebt. Die Zellen wurden Lacks ohne ihr Wissen entnommen, auch ihre Familie wurde erst 1975 darüber informiert.

[24] Es stellte sich heraus, dass das Gedärm der Wombats Bereiche unterschiedlicher Festigkeit hat. Wenn der Darminhalt hindurchwandert, passiert er Abschnitte, die weich sind, fest sind etc. Die festen Abschnitte formen die Würfel.

ERIKA ENGELHAUPT
schreibt für führende Wissenschaftszeitungen und -magazine
wie *National Geographic*, *Science News* u. v. a.
und ist seit mehr als zehn Jahren als Redakteurin tätig.
Ihre Liebe zum Geschichtenerzählen hat sie auch auf die Bühne
gebracht, wo sie in Comedy-Clubs und Podcasts auftrat.
Die Autorin des gefeierten *Gory Details*-Blogs
von National Geographic, auf dem dieses Buch basiert,
lebt in Knoxville, Tennessee.

Ebenfalls erhältlich:

ISBN 978-3-86690-660-9

ISBN 978-3-86690-684-6

ISBN 978-3-86690-683-9

ISBN 978-3-86690-674-7

IMPRESSUM

Verantwortlich: Susanne Then
Übersetzung aus dem Englischen: Dieter Löffler
Redaktion: Dr. Caroline Draeger
Korrektorat: Simona Fois
Satz: satz & repro Grieb, München
Umschlagadaption: Nina Andritzky
Repro: LUDWIG: media
Herstellung: Bettina Schippel
Printed by CPI books GmbH Germany

Unser komplettes Programm finden Sie unter

www.nationalgeographic-buch.de

In diesem Buch wird aus Gründen der besseren Lesbarkeit das generische Maskulinum verwendet. Weibliche und andere Geschlechteridentitäten werden dabei ausdrücklich mitgemeint, soweit es für die Aussage erforderlich ist.
Die Deutsche Nationalbibliothek verzeichnet diese Publikation in der Deutschen Nationalbibliografie; detaillierte bibliografische Daten sind im Internet über http://dnb.dnb.de abrufbar.

Die deutsche Ausgabe ist eine gekürzte Fassung der englischen Originalausgabe.
Deutsche Ausgabe veröffentlicht von: NG Buchverlag GmbH, Infanteriestraße 11a, 80797 München Lizenznehmer von: National Geographic Partners, LLC
This edition is published by NG Buchverlag GmbH through licensing agreement with National Geographic Partners, LLC. Alle Rechte vorbehalten.

ISBN 978-3-86690-731-7
Bildnachweis: Die Illustrationen auf dem Umschlag und im Innenteil stammen von Briony Morrow-Cribbs.